사슴벌레 도감
A Guide Book of Korean Stag Beetles

한국 생물 목록 27
Checklist of Organisms in Korea 27

사슴벌레 도감
A Guide Book of Korean Stag Beetles

펴낸날 2019년 10월 21일 초판 1쇄
　　　　 2020년 10월 27일 초판 2쇄

지은이 김은중, 황정호, 안승락
펴낸이 조영권
만든이 노인향, 백문기
꾸민이 토가 김선태

펴낸곳 자연과생태
주소 서울 마포구 신수로 25-32, 101(구수동)
전화 02) 701-7345~6　**팩스** 02) 701-7347
홈페이지 www.econature.co.kr
등록 제2007-000217호
ISBN 979-11-6450-003-1　96490

김은중, 황정호, 안승락 ⓒ 2019

한국 생물 목록 27
Checklist of Organisms in Korea 27

사슴벌레 도감

A Guide Book of Korean Stag Beetles

글·사진
김은중, 황정호, 안승락

자연과생태

사슴벌레는 우리에게 꽤 친숙한 곤충입니다. 곤충을 잘 모르는 분이더라도 사슴벌레 이름과 생김새쯤은 알 정도지요. 그런데 우리나라에는 어린이들이 보는 책을 제외하면 사슴벌레만을 다룬 책, 특히 도감은 없습니다. 우리나라에 사는 사슴벌레가 열댓 종밖에 되지 않아 도감 한 권으로 엮기에는 자료가 부족하기 때문입니다.

어떻게 하면 우리나라 사슴벌레 도감을 펴낼 수 있을지 고민이 깊었습니다. 그러다 우리나라에 사는 사슴벌레와 주변 나라에 사는 사슴벌레가 어떻게 다른지 보여 주면 좋겠다고 생각했습니다. 주변 나라에 사는 아종, 근연종과 비교해 보면 우리나라 사슴벌레 특징을 더욱 또렷이 알 수 있을 테니까요.

아울러 우리나라에 사는 종과 동아시에 퍼져 사는 아종, 근연종을 함께 소개하면 사슴벌레의 다양한 큰턱 형태를 보여 주기에도 좋으리라 생각했습니다. 사슴벌레는 종마다 큰턱 생김새가 다르고, 같은 종이더라도 크기에 따라 큰턱 모양이 달라집니다. 그래서 몇몇 종에서는 소형, 중형, 대형 개체의 큰턱 모양이 모두 다르기도 합니다.

이 책을 쓰면서 주변 나라에서 펴낸 곤충 잡지와 도감도 많이 살펴봤습니다. 사슴벌레에 관해서는 적지 않게 안다고 생각했는데 여전히 알아야 할 내용이 많았습니다. 덕분에 스스로를 돌아보고, 사슴벌레도 더욱 새로이 들여다볼 수 있었습니다. 저희에게 그랬듯 이 책이 독자 여러분에게도 도움이 되기를 바랍니다. 더불어 사슴벌레, 나아가 곤충에 관심을 갖는 계기가 된다면 참 좋겠습니다.

끝으로 이 책을 준비하는 데에 많은 도움을 주신 동료 분들에게 감사 인사를 전합니다. 김제동 님, 남현우 님, 백승헌 님, 백유현 님, 손영일 님, 장진웅 님, 정민규 님, 최웅 님 고맙습니다.

2019년 10월
저자 일동

일러두기

- 우리나라에 사는 사슴벌레과 8속 16종을 실었고, 동아시아에 분포하는 44 근연종 및 아종을 비교 소개했다. 한국 분포 종에는 생태 사진을 함께 실었다.
- 국명과 학명은 『국가 생물종 목록집_곤충: 딱정벌레목Ⅱ』(국립생물자원관, 2014)를 기준으로 삼고, 최신 출판물을 반영했다.
- 외국 분포 종과 아종 이름은 우리나라에서 흔히 불리던 이름과 현지 국명을 고려해 저자들이 새롭게 붙였다(가칭).
- 외국 지명은 외래어 표기법에 맞춰 표기했다.
- 책 앞쪽에는 사슴벌레과 형태, 생태, 분류 체계, 한국 분포 종 목록과 그림 검색표를 실었으며, 각 종 설명에서는 형태, 생태, 분포, 아종, 근연종 등을 정리했다.
- 형태 설명에서 암컷과 수컷 크기는 문헌 기록과 표본 정보를 바탕으로 작성했으며, 사육 개체 크기는 반영하지 않았다.
- 근연종은 속 혹은 아속에서 가까운 몇 종을 추려 실었다.
- 책에 실은 종에 1~60번까지 번호를 붙였으며, '찾아보기'에도 쪽 번호가 아닌 일련번호를 붙였다.

차례

* 초록색: 한국 분포 종

형태

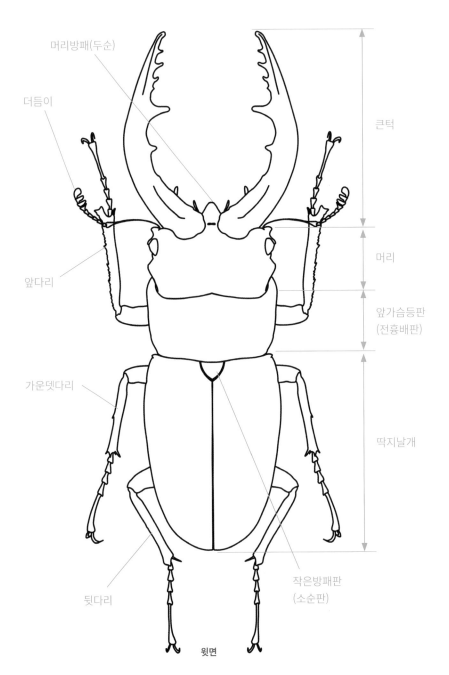

머리방패(두순)

더듬이

앞다리

가운뎃다리

뒷다리

큰턱

머리

앞가슴등판
(전흉배판)

딱지날개

작은방패판
(소순판)

윗면

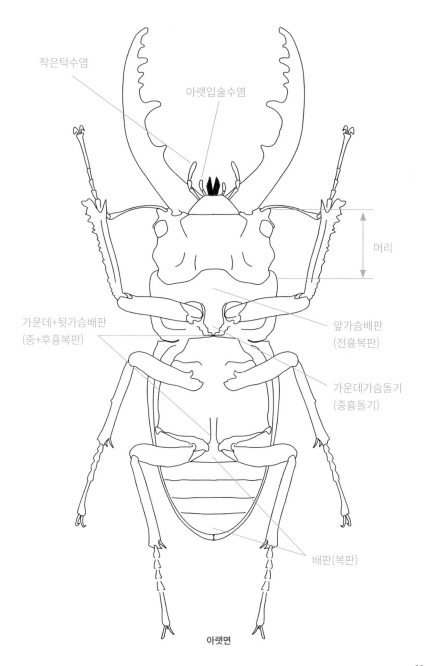

작은턱수염

아랫입술수염

머리

가운데+뒷가슴배판
(중+후흉복판)

앞가슴배판
(전흉복판)

가운데가슴돌기
(중흉돌기)

배판(복판)

아랫면

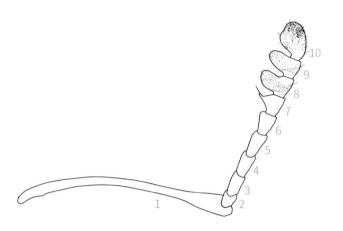

더듬이

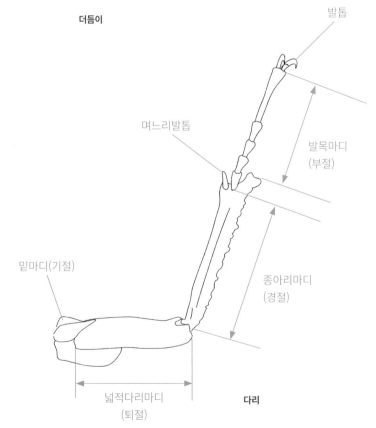

다리

생태

성충의 식성

수액을 빠는 종류: 대부분 종이 해당되며, 주로 참나무속이나 멀구슬나무과처럼 수액 양이 많고 점성이 적은 활엽수를 선호한다. 대개 말벌이 집을 지으려고 펄프를 채취하거나 하늘소, 비단벌레 등이 나무에 구멍을 뚫고 알을 낳는 과정에서 흘러나온 수액이 발효하며 나는 시큼한 냄새를 맡고 모이지만, 수액이 부족할 때는 나무껍질의 무른 부분을 뜯어 수액을 빤다.

수액을 빠는 사슴벌레 암컷

새순이나 나뭇가지를 뜯어 즙을 빠는 종류: 수액을 빠는 종류와 비슷하나 그보다 적극적으로 새순이나 나뭇가지를 뜯어 즙을 빤다. 한국 분포 종에서는 보라사슴벌레속(*Platycerus*) 종이 해당한다.

육식하는 종류: 참나무나 팽나무 등의 썩은 부분에다 굴을 파고 돌아다니며 다른 곤충을 잡아먹는 종류로 약간 사회성이 있다고 알려졌다. 한국 분포 종에서는 꼬마사슴벌레속(*Figulus*)과 뿔꼬마사슴벌레속(*Nigidius*) 종이 해당한다.

흰개미 집에 공생하는 종류: 흰개미 집에 살며 편리공생하나 식성을 비롯한 자세한 생태는 밝혀지지 않았다. 흰개미 집에 살기 알맞게 발목마디가 짧게 퇴화했고, 머리와 몸통을 웅크려 흰개미 공격을 방어할 수 있다. 개미집사슴벌레족(Penichrolucanini) 종의 특성으로 우리나라에는 없는 종류다.

꿀을 빠는 종류: 꽃 꿀을 빠는 종류로 주로 등나무나 *Schima*속 꽃에 모인다. 가위사슴벌레속(*Cyclommatus*) 종의 습성이며(Suzuki, 1992), 우리나라에는 없는 종류다.

유충의 식성

유충은 대개 썩은 활엽수를 먹으나 침엽수 또는 마른 나뭇가지를 먹는 무리도 있다. 속 또는 종에 따라 나무의 습도, 단단한 정도, 균류가 퍼진 정도 등 선호하는 상태가 다르며, 이는 암컷이 산란처를 결정하는 중요한 요인이 되기도 한다.

생활사

우리나라를 기준으로 볼 때 성충은 봄부터 초가을까지 활동하며, 알, 유충, 번데기, 성충 단계를 거치는 완전변태를 한다. 종 대부분은 세대 주기가 1년이지만 저온성 종이나 대형 종은 유충 기간이 길기도 하다. 암컷은 알을 10~100개 낳으며, 2~30개를 낳을 때가 가장 많다. 암컷

영양 상태나 크기, 산란처 상태 등이 알 개수에 영향을 미친다.

암컷은 주로 썩은 나무를 뜯어 산란실을 지은 뒤에 알을 낳고 나무 부스러기를 다져 넣으나, 썩은 나무 주변 부엽토나 토양에 알을 낳아 유충이 옮겨가도록 하기도 한다. 알은 2~4주간 성숙기를 거쳐 부화하고, 알에서 나온 1령 유충은 썩은 나무나 부엽토를 먹으며 3령까지 탈피한다. 유충은 번데기방을 짓고 그 안에서 전용기를 거쳐 번데기가 된다. 번데기 상태에서 3~5주 동안 성충 모습으로 변해 가며 날개돋이를 준비한다. 날개돋이를 마친 성충은 일정한 성숙기를 거치며, 활동기가 되면 번식을 시작한다.

사슴벌레 수컷 번데기

분류 체계

사슴벌레과는 사슴벌레붙이과와 함께 풍뎅이상과의 기저 분류군 중 하나로 분류학적 위치
는 Brown and Scholtz (1999)에서 잘 정의되었다. 사슴벌레과는 사슴벌레아과(Latreille,
1804), 색사슴벌레아과(MacLeay, 1819), 장수사슴벌레아과(MacLeay, 1819), 원시사슴벌레
아과(MacLeay, 1819)로 구성되며(Huang & Chen, 2013) 우리나라에는 사슴벌레아과만 분
포한다.

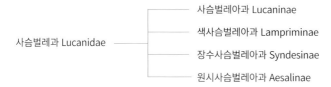

한국 분포 사슴벌레아과에 관한 내용이 수록된 최신 문헌은 『대한민국 생물지』(Kim & Kim,
2014)로 한국 분포 종 분류 역사를 정리하고 도판을 실었으며, 한국 서식 사슴벌레아과를 7족
8속으로 정리했다.

이 책에서는 Kim & Kim (2014)의 정리에 최신 분류 동향과 해외 변경 내용을 반영해 한국 서식 사슴벌레아과를 5족 8속으로 정리했다.

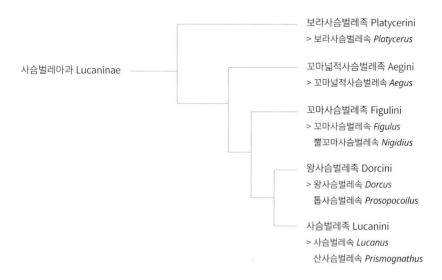

사슴벌레아과 Lucaninae

보라사슴벌레족 Platycerini
> 보라사슴벌레속 *Platycerus*

꼬마넓적사슴벌레족 Aegini
> 꼬마넓적사슴벌레속 *Aegus*

꼬마사슴벌레족 Figulini
> 꼬마사슴벌레속 *Figulus*
뿔꼬마사슴벌레속 *Nigidius*

왕사슴벌레족 Dorcini
> 왕사슴벌레속 *Dorcus*
톱사슴벌레속 *Prosopocoilus*

사슴벌레족 Lucanini
> 사슴벌레속 *Lucanus*
산사슴벌레속 *Prismognathus*

보라사슴벌레속 *Platycerus*

전 세계에 50여 종이 알려졌으며, 대부분 북반구 높은 산지를 중심으로 분포하나 평지에 사는 종도 일부 있다. 암컷은 썩은 나뭇가지에 알을 낳으며, 성충은 활엽수 새순에 상처를 내어 흘러 나오는 즙을 빤다. 몸에 금속성 광택이 강하며 종에 따라 몸 전체나 다리와 배 색깔이 다르다. 우리나라에는 1종 1아종, 원표보라사슴벌레와 머클보라사슴벌레가 산다.

꼬마넓적사슴벌레속 *Aegus*

전 세계에 250여 종이 알려졌으며, 대부분 아시아에 분포한다. 암컷은 썩은 침엽수에 알을 낳고, 성충은 활엽수 수액을 빤다. 몸은 작고 납작하며 큰턱은 길게 뻗어 앞쪽에서 안쪽으로 부드럽게 굽고 주로 내치가 2개 있으나 내치 모양이 변형된 종도 있다. 딱지날개에 뚜렷한 점줄이 있다. 우리나라에는 꼬마넓적사슴벌레 1종이 산다.

꼬마사슴벌레속 *Figulus*

전 세계에 150여 종이 알려졌으며, 대부분 섬에 분포하나 일부 종은 내륙에서도 보인다. 암컷은 썩은 활엽수에 알을 낳으며, 성충은 썩은 나뭇가지에 굴을 파고 다니며 작은 무척추동물을 잡아먹는다. 몸은 작고 길쭉하며 큰턱이 다른 무리에 비해 약하고 딱지날개에 뚜렷한 점줄이 있다. 우리나라에는 길쭉꼬마사슴벌레, 큰꼬마사슴벌레 2종이 산다.

뿔꼬마사슴벌레속 *Nigidius*

전 세계에 70여 종이 알려졌으며, 암컷은 썩은 활엽수에 알을 낳는다. 성충은 썩은 나뭇가지에 굴을 파고 다니며 작은 무척추동물을 잡아먹는다. 꼬마사슴벌레속과 생김새가 비슷하나 조금 더 크며, 큰턱에 가로 돌기가 있는 것이 가장 큰 특징이다. 딱지날개에 뚜렷한 점줄이 있다. 우리나라에는 뿔꼬마사슴벌레 1종이 산다.

왕사슴벌레속 *Dorcus*

전 세계에 150여 종이 알려졌으며, 아프리카와 남미를 제외한 대부분 지역에 분포한다. 암컷은 썩은 활엽수에 알을 낳고, 성충은 수액을 빤다. 몸은 납작하며 적갈색부터 검은색을 띤다. 많은 아속으로 구성되어서 세부 분류군에 따라 몸에 털이 있는 등 생김새가 다양하다. 우리나라에는 털보왕사슴벌레, 엷은털왕사슴벌레, 왕사슴벌레, 애사슴벌레, 홍다리사슴벌레, 넓적사슴벌레, 참넓적사슴벌레 7종이 산다.

톱사슴벌레속 *Prosopocoilus*

전 세계에 180여 종이 알려졌으며, 주로 아시아를 중심으로 분포하고 아프리카와 호주에도 몇 종이 산다. 암컷은 썩은 활엽수 뿌리에 알을 낳고, 성충은 수액을 빤다. 20mm 정도부터 100mm 이상까지 크기가 다양하다. 몸 색깔도 검은색부터 무늬가 있는 노란색까지 다양하다. 몸 크기에 따라 큰턱 형태가 달라지는 종이 많다. 우리나라에는 톱사슴벌레와 두점박이사슴벌레 2종이 산다.

사슴벌레속 *Lucanus*

전 세계에 90여 종이 알려졌으며, 대부분 북반구 높은 산지에 분포하고 동남아시아 섬에서는 거의 보이지 않는다. 암컷은 썩은 활엽수에 알을 낳고 성충은 수액을 빤다. 몸이 크고 높으며 큰턱이 잘 발달하고 머리 뒷부분에 귀 모양 돌기가 있는 종이 많다. 우리나라에는 사슴벌레 1종이 산다.

산사슴벌레속 *Prismognathus*

전 세계에 30여 종이 알려졌으며, 대부분 동아시아 높은 산지에 분포한다. 암컷은 썩은 활엽수에 알을 낳고, 성충은 수액을 빤다. 몸은 작고 납작하며 적갈색부터 검은색을 띤다. 큰턱 윗부분에 위로 향한 돌기가 있고, 몸에 광택이 강하다. 우리나라에는 다우리아사슴벌레 1종이 산다.

한국 분포 종 목록과 그림 검색표

원표보라사슴벌레 *Platycerus hongwonpyoi hongwonpyoi* *

꼬마넓적사슴벌레 *Aegus subnitidus subnitidus*

길쭉꼬마사슴벌레 *Figulus punctatus punctatus*

큰꼬마사슴벌레 *Figulus binodulus*

뿔꼬마사슴벌레 *Nigidius miwai* **

털보왕사슴벌레 *Dorcus carinulatus koreanus* *

엷은털왕사슴벌레 *Dorcus tenuihirsutus*

왕사슴벌레 *Dorcus hopei hopei*

애사슴벌레 *Dorcus rectus rectus*

홍다리사슴벌레 *Dorcus rubrofemoratus chenpengi*

넓적사슴벌레 *Dorcus titanus castanicolor*

참넓적사슴벌레 *Dorcus consentanus consentaneus*

톱사슴벌레 *Prosopocoilus inclinatus inclinatus*

두점박이사슴벌레 *Prosopocoilus astacoides blanchardi*

사슴벌레 *Lucanus dybowski dybowski*

다우리아사슴벌레 *Prismognathus dauricus*

---

* 한국고유아종

** 한국고유종

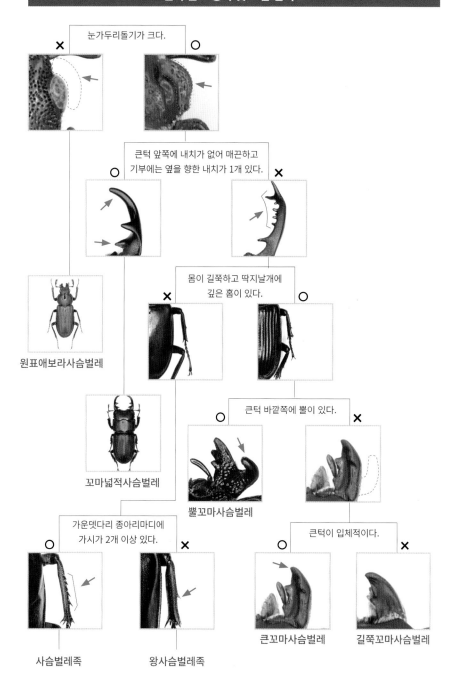

눈가두리돌기가 크다.

큰턱 앞쪽에 내치가 없어 매끈하고
기부에는 옆을 향한 내치가 1개 있다.

몸이 길쭉하고 딱지날개에
깊은 홈이 있다.

원표애보라사슴벌레

꼬마넓적사슴벌레

큰턱 바깥쪽에 뿔이 있다.

뿔꼬마사슴벌레

가운뎃다리 종아리마디에
가시가 2개 이상 있다.

큰턱이 입체적이다.

사슴벌레족

왕사슴벌레족

큰꼬마사슴벌레

길쭉꼬마사슴벌레

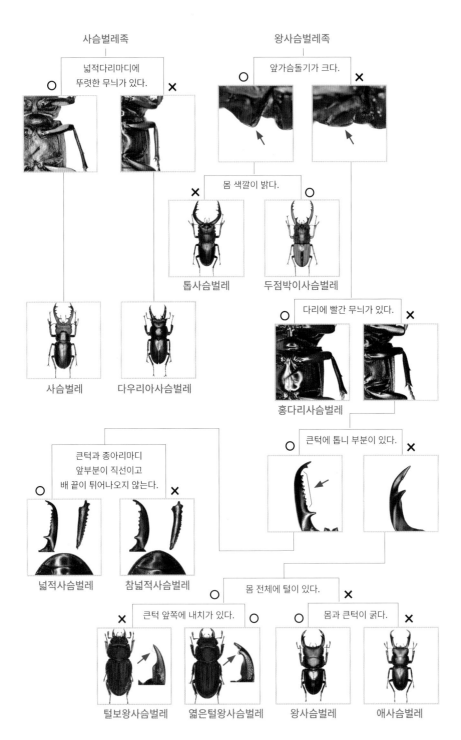

사슴벌레족

넓적다리마디에
뚜렷한 무늬가 있다.

○   ✕

몸 색깔이 밝다.

✕   ○

톱사슴벌레   두점박이사슴벌레

사슴벌레   다우리아사슴벌레

왕사슴벌레족

앞가슴돌기가 크다.

○   ✕

다리에 빨간 무늬가 있다.

○   ✕

홍다리사슴벌레

큰턱에 톱니 부분이 있다.

○   ✕

큰턱과 종아리마디
앞부분이 직선이고
배 끝이 튀어나오지 않는다.

○   ✕

넓적사슴벌레   참넓적사슴벌레

몸 전체에 털이 있다.

○   ✕

큰턱 앞쪽에 내치가 있다.

✕   ○

몸과 큰턱이 굵다.

○   ✕

털보왕사슴벌레   엷은털왕사슴벌레   왕사슴벌레   애사슴벌레

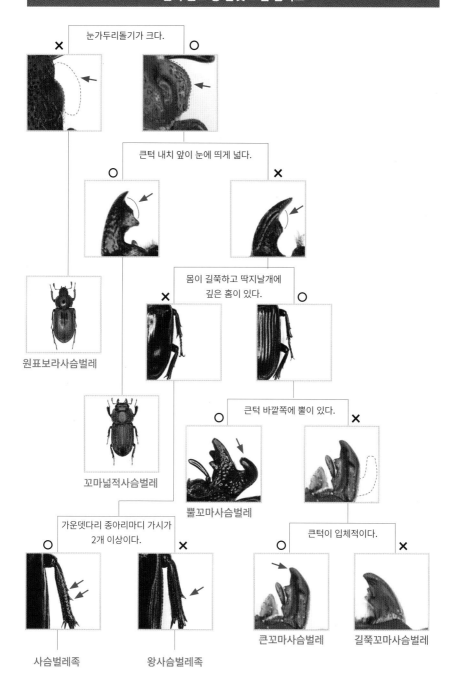

눈가두리돌기가 크다.

큰턱 내치 앞이 눈에 띄게 넓다.

원표보라사슴벌레

몸이 길쭉하고 딱지날개에 깊은 홈이 있다.

꼬마넓적사슴벌레

큰턱 바깥쪽에 뿔이 있다.

뿔꼬마사슴벌레

가운뎃다리 종아리마디 가시가 2개 이상이다.

큰턱이 입체적이다.

큰꼬마사슴벌레

길쭉꼬마사슴벌레

사슴벌레족

왕사슴벌레족

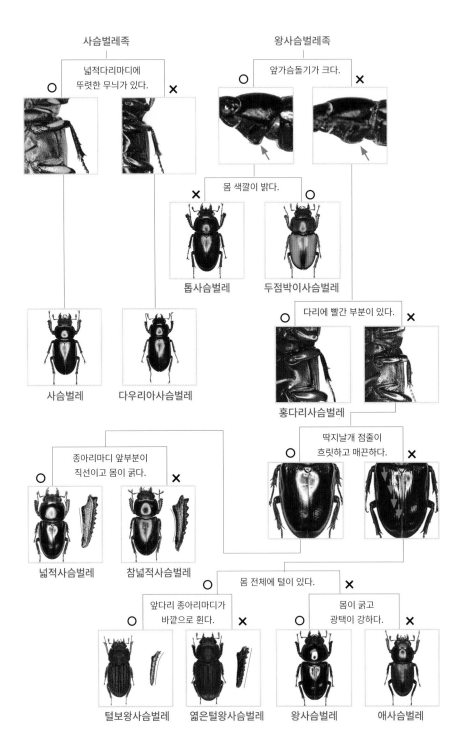

사슴벌레족

넓적다리마디에 뚜렷한 무늬가 있다.

○ ✕

사슴벌레

다우리아사슴벌레

종아리마디 앞부분이 직선이고 몸이 굵다.

○ ✕

넓적사슴벌레

참넓적사슴벌레

왕사슴벌레족

앞가슴돌기가 크다.

○ ✕

몸 색깔이 밝다.

✕ ○

톱사슴벌레

두점박이사슴벌레

다리에 빨간 부분이 있다.

○ ✕

홍다리사슴벌레

딱지날개 점줄이 흐릿하고 매끈하다.

○ ✕

몸 전체에 털이 있다.

○ ✕

앞다리 종아리마디가 바깥으로 휜다.

○ ✕

몸이 굵고 광택이 강하다.

○ ✕

털보왕사슴벌레

엷은털왕사슴벌레

왕사슴벌레

애사슴벌레

원표보라사슴벌레

Platycerus hongwonpyoi hongwonpyoi Imura et Choe, 1989

♂   ♀

형태 및 생태

몸길이는 수컷과 암컷 모두 7~11mm다. 수컷은 녹청색 또는 남색으로 금속성 광택이 돌고 점각으로 덮여 있다. 수컷 큰턱은 굵으며 기부와 끝부분에 내치가 있다. 종아리마디는 검은색이며 가장자리에 미약한 주홍색 무늬가 나타나기도 한다. 넓적다리마디에는 뚜렷한 주홍색 무늬가 있다. 발목마디는 길다. 암컷은 구릿빛 광택을 띤 흑갈색이며, 수컷과 마찬가지로 점각으로 덮여 있다. 종아리마디와 넓적다리마디는 주황색이며 수컷에 비해 발목마디가 짧다. 암수 모두 눈가두리돌기가 없다.

비교적 고산성 종으로 성충은 5~6월에 가장 많이 보이며 드물게 8월까지도 활동한다. 높은 산지 계곡 주변 썩은 활엽수 나뭇가지에 산란 자국을 내며 알을 낳고, 유충은 나무를 파먹으며 자라다가 날개돋이한다. 성충은 활엽수 새순을 씹어 즙을 빨아먹고 나무 윗부분에서 비행하거나 가지 끝부분에 매달려 있으며 낮에 움직임이 활발하다.

분포

중부 지방에서는 해발고도 200m 이상 산지, 남부 지방에서는 600~800m 이상 산지에서 보이며 울릉도 및 제주도를 비롯한 섬에서는 기록이 없다. 지리산이 기준산지고 머클보라사슴벌레 (*P. hongwonpyoi merkli*)는 북한 금강산이 기준산지다. 두 아종 간 생물지리학적 경계에 관해서는 조금 더 연구가 필요하다.

P. hongwonpyoi merkli Imura & Choe, 1989

P. hongwonpyoi quinlingensis Imura, 1993

P. hongwonpyoi dabashanensis Okuda, 1997

P. hongwonpyoi funiuensis Imura, 2005

P. hongwonpyoi mongolicus Imura & Bartolozzi, 2006

P. hongwonpyoi tianmushanus Imura et Wan, 2006

P. hongwonpyoi shennongianus Imura, 2008

P. hongwonpyoi quanbaoshanus Imura, 2011

근연종

*Platycerus*속은 북반구 고산지를 중심으로 분포하며 적도 부근과 남반구에서는 기록이 없다. 일본에서는 고산지대 고립으로 생긴 분화로 많은 종과 아종이 분포하나 우리나라에서는 상대적으로 산지가 낮아(2,000m 이하) 덜 분화되었다. Zhu *et al.* (2019)은 한국과 일본 *Platycerus*속의 분화 양상 차이를 비교, 연구했다.

참고

이전 기록 때문에 비단사슴벌레(*P. delicatus*)로 불리다가 Imura et Choe (1989)가 신종으로 발표하면서 원표애보라사슴벌레로 국명이 바뀌었으며, 그 뒤에 원표보라사슴벌레(Imura, 2010)로 또다시 바뀌었다.

산란 흔적. 2017.2.18. 경북 상주

월동 유충. 2017.4.12. 대구

수컷 번데기. 2019.3.10. 사육

성충 암컷. 2017.4.12. 대구

②

애보라사슴벌레

Platycerus acuticollis Y. Kurosawa, 1969

♂   ♀

형태 및 생태

몸길이는 수컷과 암컷 모두 9~13mm다. 금속성 광택을 띤 청색 또는 청록색이다. 원표보라사슴벌레와 생김새가 비슷하나 가운뎃다리와 뒷다리 종아리마디가 주황색을 띠어서 차이가 난다. 암컷은 원표보라사슴벌레와 생김새가 비슷해 구별이 쉽지 않으나 몸 색깔이 약간 다르다. 아종은 없다.

분포

일본(군마현, 도치기현, 니가타현, 후쿠시마현)

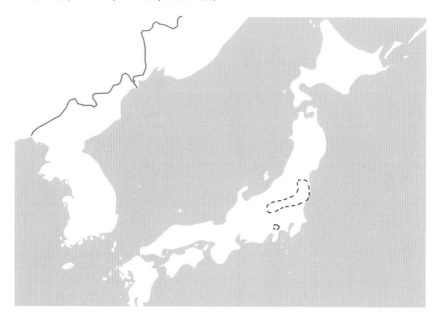

근연종

P. delicatus Lewis, 1883

P. kawadai Fujita et Ichikawa, 1982

P. sugitai Okuda et Fujita, 1987

P. takakuwai Fujita, 1987

P. sue Imura, 2007

P. albisomni K. Kubota, N. Kubota et Otobe, 2008

P. viridicupus K. Kubota, N. Kubota et Otobe, 2008

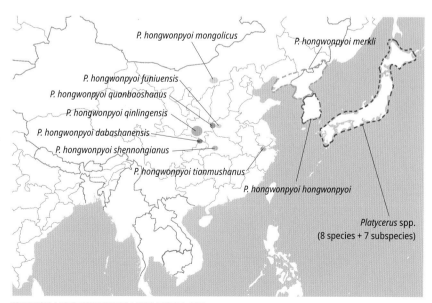

큰턱 굵기가 다르다.

종아리마디
색깔이 다르다.

몸 색깔이 다르다.

원표보라사슴벌레　　　애보라사슴벌레　　　　원표보라사슴벌레　　　애보라사슴벌레

수컷　　　　　　　　　　　　　　암컷

원표보라사슴벌레와 애보라사슴벌레 암수 비교

P. hongwonpyoi mongolicus

P. hongwonpyoi merkli

P. hongwonpyoi funiuensis

P. hongwonpyoi quanbaoshanus

P. hongwonpyoi qinlingensis

P. hongwonpyoi dabashanensis

P. hongwonpyoi shennongianus

P. hongwonpyoi tianmushanus

P. hongwonpyoi hongwonpyoi

Platycerus spp.
(8 species + 7 subspecies)

원표보라사슴벌레 아종과 일본산 보라사슴벌레속 분포

꼬마넓적사슴벌레

Aegus subnitidus subnitidus Waterhouse, 1873

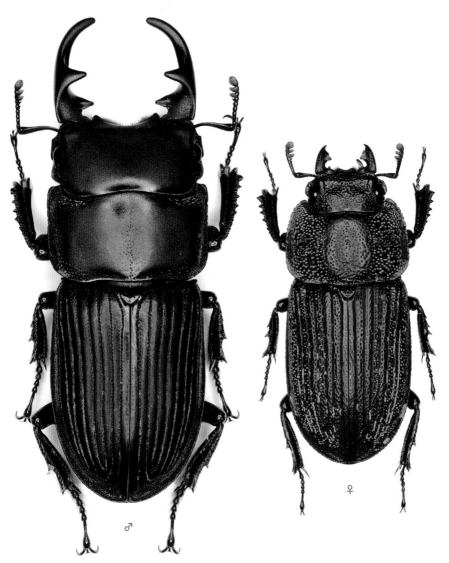

형태 및 생태

몸길이는 수컷 11~28mm, 암컷 13~20mm다. 몸은 조금 광택이 도는 검은색이고 납작하다. 몸에는 점각이 흩어져 있으며, 몸 가장자리에 흙이 묻어 무늬처럼 보이는 일이 종종 있다. 큰턱은 끝부분이 안쪽으로 굽은 원통형이며 기부 아랫단에 주내치가 1개 있고 끝부분 안쪽에 부내치가 1개 있다. 부내치 크기는 개체 크기에 비례해 작은 개체에서는 거의 흔적만 있는 듯하고, 큰 개체에서는 뚜렷하다. 딱지날개에는 깊은 줄이 여러 개 있다. 암컷 턱은 내치 쪽이 넓적한 삼각형이다. 머리와 앞가슴에 점각이 빽빽하다.

흙처럼 썩은 소나무 목질부에 알을 낳으며, 그곳에서 유충 시기를 보낸다. 성충은 활엽수 수액을 빤다. 여름과 겨울 모두 성충과 유충이 함께 보이므로 1년 다화성으로 추정한다. 주로 바닷가 상록활엽수와 소나무가 혼재된 잡목림에서 보이며 내륙에서는 보이지 않는다.

분포

국내: 전남 신안, 해남, 완도, 여수, 경남 통영, 거제, 제주도, 강원 홍천(참고: Cho, 1931 이후 한반도 내륙 기록은 없다. 최근 확인된 서식지는 모두 남해안 또는 남해 섬이다.)

국외: 일본 38도 이남 지역

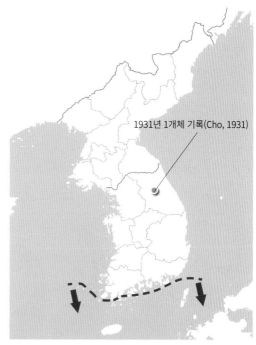

1931년 1개체 기록(Cho, 1931)

국내 분포

아종

A. subnitidus subnitidus Waterhouse, 1873

A. subnitidus taurulus Didier, 1928

A. subnitidus fujitai Ichikawa et Imanishi, 1976

A. subnitidus abei Ichikawa et Imanishi, 1976

A. subnitidus tamanukii Ichikawa et Imanishi, 1976

A. subnitidus matsushitai Asai, 2001

A. subnitidus asaii Murayama et Shimizu, 2004

근연종

A. laevicollis (Saunders, 1854)

A. formosae Bates, 1866

A. kuantungensis Nagel, 1925

A. ishigakiensis Nomura, 1960

A. ogasawaraensis Okajima et Kobayashi, 1975

A. nakanei Ichikawa et Imanishi, 1976

참고

이전에는 *A. laevicollis* Saunders, 1854의 아종 *A. laevicollis subnitidus* Waterhouse, 1873으로 기록했으나, Fujita (2010)가 수컷 몸통이 넓고 납작하며 큰턱 끝부분이 더 가늘고, 머리와 앞가슴등판 점각이 작고 좁으며 앞가슴등판에 광택이 없고, 작은방패판이 넓으며 납작한 혓바닥 모양인 점 등을 차이로 들어 *A. subnitidus*를 종으로 승격했다. 해당 문헌에서는 한국 분포 개체군에 대한 언급이 없다. 이 책에서는 형태 특성과 지리적 위치를 감안해 *A. subnitidus* Waterhouse, 1873의 6개 아종 가운데 원명아종에 가장 가깝다고 판단해 한국 분포 개체군을 원명아종인 *A. subnitidus subnitidus* Waterhouse, 1873으로 간주한다.

2mm

꼬마넓적사슴벌레 크기별 큰턱 비교

월동 성충. 2019.2.20. 경남 거제

월동 유충. 2019.2.20. 경남 거제

알. 사육 1세대

월동 유충. 2019.2.24. 경남 거제

유충. 사육 1세대

전용기 유충과 번데기방. 채집 사육

번데기. 사육

대륙꼬마넓적사슴벌레

Aegus laevicollis (Saunders, 1854)

♂

형태 및 생태

몸길이는 수컷 15~30mm, 암컷 14~24mm며, 꼬마넓적사슴벌레와 생김새가 비슷하나 몸이 더 납작하다. 큰턱은 꼬마넓적사슴벌레에 비해 굵으며 덜 휘었고, 머리와 가슴 점각이 더 크며, 앞가슴등판 광택이 강하다. 작은방패판은 역삼각형이다. 아종은 없다.

분포

중국(안후이성, 후베이성, 후난성, 저장성, 쓰촨성, 광시성, 구이저우성, 장시성, 푸젠성)

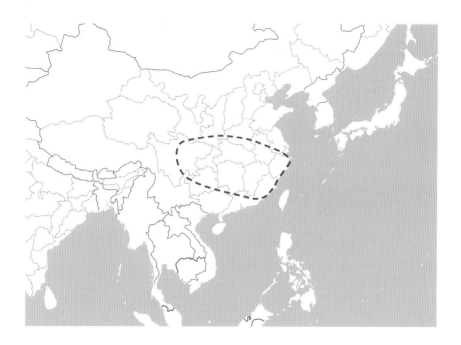

근연종

A. formosae Bates, 1866

A. subnitidus Waterhouse, 1873

A. taulus Boileau, 1899

A. kuantungensis Nagel, 1925

A. linealis Didier, 1928

A. ishigakiensis Nomura, 1960

A. ogasawaraensis Okajima et Kobayashi, 1975

A. nakanei Ichikawa et Imanishi, 1976

남방대륙꼬마넓적사슴벌레

Aegus kuantungensis Nagel, 1925

♂

형태 및 생태

몸길이는 수컷 14~26mm, 암컷 14~18mm며, 꼬마넓적사슴벌레와 생김새가 비슷하나 몸이 더 납작하다. 큰턱은 꼬마넓적사슴벌레에 비해 굵으며 덜 휘었다. 머리 앞부분을 향한 돌기가 크다. 머리와 가슴 점각은 엷고 앞가슴등판 광택이 약하다. 작은방패판은 역삼각형이다. 아종은 없다.

분포

중국(광둥성, 광시성, 후베이성, 푸젠성, 후난성, 장시성)

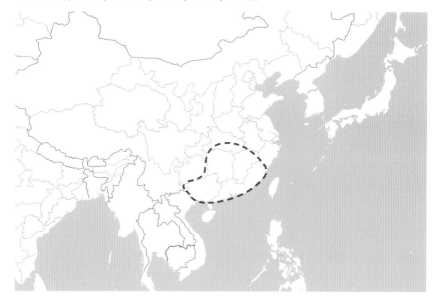

근연종

A. laevicollis (Saunders, 1854)

A. formosae Bates, 1866

A. subnitidus Waterhouse, 1873

A. taulus Boileau, 1899

A. linealis Didier, 1928

A. ishigakiensis Nomura, 1960

A. ogasawaraensis Okajima et Kobayashi, 1975

A. nakanei Ichikawa et Imanishi, 1976

A. callosilatus Bomans, 1989

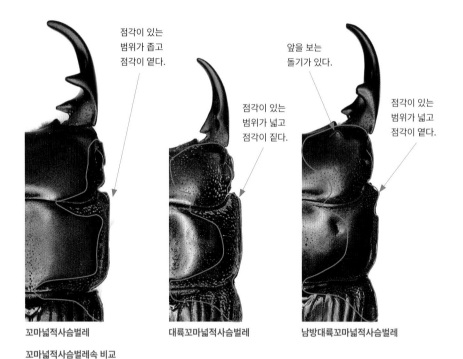

점각이 있는
범위가 좁고
점각이 옅다.

점각이 있는
범위가 넓고
점각이 짙다.

앞을 보는
돌기가 있다.

점각이 있는
범위가 넓고
점각이 옅다.

꼬마넓적사슴벌레 　　대륙꼬마넓적사슴벌레 　　남방대륙꼬마넓적사슴벌레

꼬마넓적사슴벌레속 비교

A. subnitidus

A. laevicollis

A. kuantungensis

A. ogasawaraensis

A. nakanei

A. ishigakiensis

A. formosae

꼬마넓적사슴벌레와 근연종 분포

길쭉꼬마사슴벌레

Figulus punctatus punctatus Waterhouse, 1873

♂

형태 및 생태

몸길이는 암컷과 수컷 모두 8~12mm다. 몸은 길쭉하고 광택이 돌며 딱지날개에 점줄이 있다. 날개돋이 직후에는 몸이 붉은색이며 시간이 지나면 검은색이 된다. 겨울철에는 붉은색과 검은색이 같이 보이기도 한다. 큰턱은 짧고 내치가 1개 있다. 머리는 위가 눌린 팔각형이며 눈가두리돌기는 납작하고 앞모서리가 둥글다.

주로 땅에 떨어진 팽나무나 썩은 참나무류 가지에서 보이며, 이따금 썩은 잣밤나무류 가지에서도 보인다. 성충은 육식성으로 주로 작은 곤충을 비롯한 무척추동물을 잡아먹는다.

분포

국내: 제주도, 여서도, 가거도, 거문도 등 일부 남해 도서 지역
국외: 대만, 일본(도카라 열도, 고토 열도, 쓰시마섬,
　　　　규슈, 시코쿠, 혼슈, 이즈 제도 등)

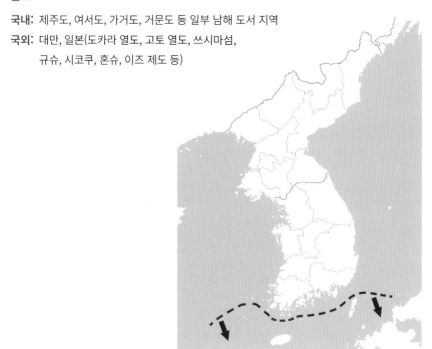

국내 분포

아종

F. punctatus daitoensis Fujita et Ichikawa, 1986

근연종

F. laoticus Bomans, 1986

월동 성충. 2017.1.9. 제주 서귀포

월동 성충. 2017.2.7. 전남 신안 가거도

큰꼬마사슴벌레

Figulus binodulus Waterhouse, 1873

♂

형태 및 생태

몸길이는 암컷과 수컷 모두 9~16mm다. 몸에 광택이 돌고 딱지날개에 점줄이 있다. 성충은 검은색이며, 겨울철에는 날개돋이 직후 붉은색인 개체가 같이 보이기도 한다. 큰턱은 굵고 원통형이며 맞물리면 꽉 닫히도록 큰턱 앞쪽에 내치가 있다. 큰 개체의 큰턱은 살짝 위로 솟았다. 머리는 눌린 팔각형이며 눈가두리돌기는 납작하고, 길쭉꼬마사슴벌레에 비해 앞모서리가 두드러진다. 길쭉꼬마사슴벌레에 비해 몸이 굵고 딱지날개 점줄이 진하다.

주로 땅에 떨어진 팽나무나 구실잣밤나무 등의 썩은 가지에서 보인다. 성충은 육식성으로 대개 작은 무척추동물을 먹는다. 유충을 돌보는 사회성이 있는 것으로 알려졌으나 동족을 잡아먹기도 한다(Mori & Chiba, 2009). 아종은 없다.

분포

국내: 전남 신안 가거도, 홍도, 경남 하동 쌍계사(참고: 1971년 1개체 Kim and Kim, 2014)

국외: 중국(쓰촨성, 후베이성, 구이저우성, 광시성, 광둥성, 하이난성, 푸젠성, 윈난성), 대만, 일본(규슈, 시코쿠, 혼슈, 이즈 제도), 베트남(북부)

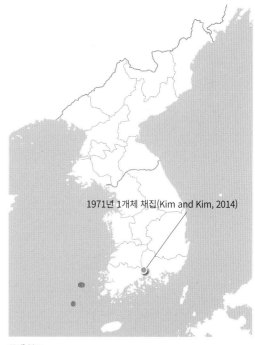

1971년 1개체 채집(Kim and Kim, 2014)

국내 분포

근연종

F. curvicornis Benesh, 1950
F. bicolor Bomans, 1986
F. deletus Bomans, 1989
F. venustus Bomans, 1989

참고

Huang & Chen (2017)은 기존에 알려진 꼬마사슴벌레(*F. venustus* Bomans, 1989) 완모식 표본과 부모식표본을 검토한 결과, 제시한 분류 형질이 큰꼬마사슴벌레 개체 변이 폭에 속하나, 완모식표본의 생식기를 다른 표본들 생식기와 비교하지 못했기 때문에 동종이명 처리를 유보하고 동물이명 가능성이 있다고 표기했다. Huang & Chen 의견에 동의하나 분류학적으로 적절하게 동물이명 처리되지 않았기 때문에 이 책에서는 근연종 목록에 수록했다.

ⓒ 촬영

월동 성충. 2017.2.8. 전남 신안 가거도

성충과 알. 2019.7.25. 전남 신안 홍도

성충과 유충. 2019.7.25. 전남 신안 홍도

다이토꼬마사슴벌레

Figulus punctatus daitoensis Fujita et Ichikawa, 1986

♂

형태 및 생태

몸길이는 암컷과 수컷 모두 8~13mm다. 길쭉꼬마사슴벌레와 생김새가 비슷하나 앞가슴등판 점각이 옅고 광택이 강하며, 앞가슴등판 뒤쪽 모서리 앞부분에 거친 부분이 있는 점으로 구별할 수 있다. 겉모습으로 암수를 구별하기 어렵다.

분포

일본(다이토 제도: 기타다이토섬, 미나미다이토섬)

아종

F. punctatus punctatus Waterhouse, 1873

근연종

F. fissicollis Fairmaire, 1849

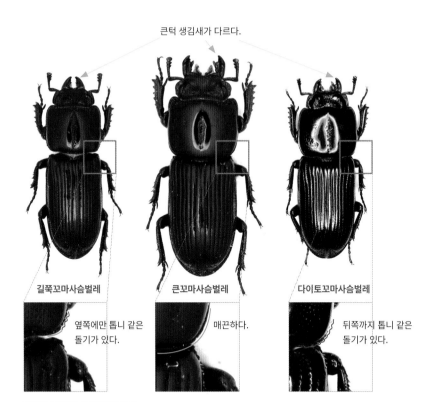

큰턱 생김새가 다르다.

길쭉꼬마사슴벌레　　　큰꼬마사슴벌레　　　다이토꼬마사슴벌레

옆쪽에만 톱니 같은 돌기가 있다.　　매끈하다.　　뒤쪽까지 톱니 같은 돌기가 있다.

꼬마사슴벌레속 2종 1아종 비교

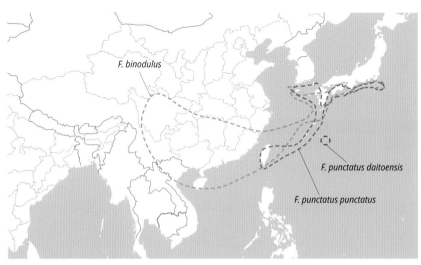

F. binodulus

F. punctatus daitoensis

F. punctatus punctatus

꼬마사슴벌레속 2종 1아종 분포

뿔꼬마사슴벌레

Nigidius miwai Nagel, 1941

♂

형태 및 생태

몸길이는 암컷과 수컷 모두 12~16mm다. 몸은 광택이 도는 검은색이다. 큰턱 바깥쪽에 위를 향해 굽은 큰 가로 내치가 있다. 머리는 납작하고 앞가슴등판은 둥글다. 머리와 앞가슴등판 옆쪽에 판 모양 돌기가 이어지듯 튀어나왔다. 딱지날개에 진한 점줄이 있다. 주로 썩은 팽나무 가지 틈새에서 보인다. 성충은 육식성으로 작은 무척추동물을 잡아먹는다.

분포

제주도

근연종

N. lewisi Boileau, 1905
N. formosanus Bates, 1866
N. elongatus Boileau, 1902

참고

한국고유종으로 아종은 없다. Nagel, 1941 이후 기록이 없다가 2003년에 재기록되었다(Koh, 2003).

월동 성충. 2016.4.17. 제주 서귀포

루이스뿔꼬마사슴벌레

Nigidius lewisi Boileau, 1905

♂

형태 및 생태

몸길이는 암컷과 수컷 모두 12~19mm다. 뿔꼬마사슴벌레와 생김새가 비슷하나 눈가두리돌기가 뾰족하고 앞가슴등판 옆쪽 돌기는 둥그스름한 점이 다르다. 큰턱 바깥쪽 돌기는 뿔꼬마사슴벌레보다 크게 벌어진다. 아종은 없다.

분포

일본(오키나와 제도, 도카라 제도, 규슈 남부, 혼슈 와카야마현 남부), 대만

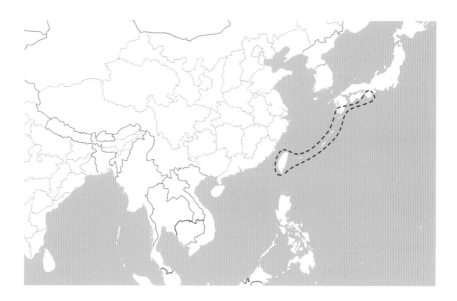

근연종

N. distinctus Parry, 1873
N. birmanicus Boileau, 1911

돌기가 작다.

둥글다.

넓적하다.

돌기가 크다.

휜다.

둥글다.

뿔꼬마사슴벌레

루이스뿔꼬마사슴벌레

뿔꼬마사슴벌레와 루이스뿔꼬마사슴벌레 비교

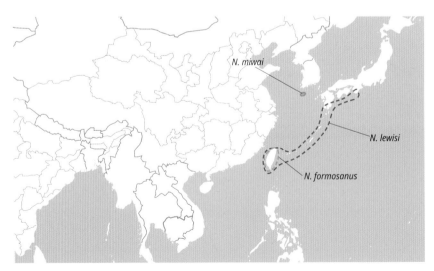

N. miwai

N. lewisi

N. formosanus

뿔꼬마사슴벌레와 근연종 분포

털보왕사슴벌레

Dorcus carinulatus koreanus (Jang et Kawai, 2008)

♂   ♀

형태 및 생태

몸길이는 수컷 14~25mm, 암컷 14~22mm다. 큰턱은 작으나 가운데에 두꺼운 판 모양 주내치가 있고 끝부분은 비스듬히 눌린다. 머리방패는 삼각형으로 튀어나오며 끝부분이 살짝 눌린다. 머리와 앞가슴등판에 굵은 점각이 흩어져 있다. 딱지날개에는 굵은 털로 이루어진 점줄이 있다. 딱지날개 어깨 위쪽은 돌기 없이 둥글다. 앞다리 종아리마디는 바깥쪽으로 약간 휘었다. 서식 범위가 좁다. 여름에 참나무 수액에 모이고 불빛에도 날아오지만, 겨울에 부드럽게 썩은 참나무 속에서 월동하는 개체가 더욱 많이 관찰된다.

분포

전남 해남

아종

D. carinulatus carinulatus Nagel, 1941

근연종

D. japonicus Nakane et S. Makino, 1985

참고

전남 해남에만 사는 한국고유아종이다. Jang et Kawai (2008)가 신종 발표했으나 Han *et al.* (2010)이 COI 유전자 분석을 거쳐 아종으로 바꾸었다. Huang & Chen (2013)은 한국 분포

종 생식기 도판을 검토한 결과 대만 분포 종과의 큰 차이를 찾지 못했다고 서술했으며, Fujita (2010), Tsuchiya (2018) 등은 한국 분포 개체군의 체형, 어깨 돌기 유무, 딱지날개의 털 발달 정도가 뚜렷하다는 점을 들어 한국 분포 개체군을 종 수준으로 간주하고 있다.

ⓒ 정민규

월동 성충. 2019.3.17. 전남 해남

알. 사육 5세대

유충. 사육 5세대

번데기. 사육 6세대

갓 날개돋이한 성충. 사육 6세대

성충. 연출

대만털보왕사슴벌레

Dorcus carinulatus carinulatus Nagel, 1941

♂

♀

형태 및 생태

몸길이는 수컷 14~26mm, 암컷 16~22mm다. 수컷 큰턱은 작고 끝부분에 내치가 없으며 가운데부터 기부까지 큰턱 안쪽에 각진 판 모양 내치가 뚜렷하게 나타난다. 몸 전체에 짙은 점줄이 흩어져 있다. 딱지날개에는 점줄과 함께 고동색 털이 있다. 딱지날개 어깨에 크고 각진 돌기가 있다. 암컷은 수컷과 생김새가 비슷하나 큰턱이 더 작고 앞가슴등판이 둥글며 앞다리 종아리마디가 바깥쪽으로 휜다. 산지 활엽수에서 수액을 빨며 드물게 불빛에 온다.

분포

대만

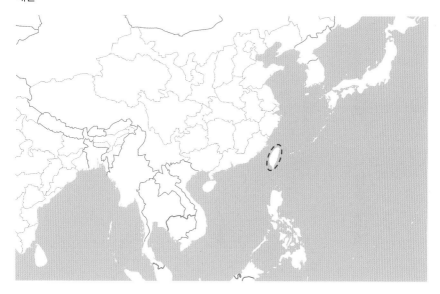

아종

D. carinulatus koreanus Jang et Kawai, 2008

근연종

D. japonicus Nakane et S. Makino, 1985

일본털보왕사슴벌레

Dorcus japonicus Nakane et S. Makino, 1985

♂

형태 및 생태

몸길이는 수컷 14~26mm, 암컷 16~22mm다. 수컷 큰턱은 작고 끝부분에 내치가 없으며 가운데부터 기부까지 안쪽에 끝이 비스듬한 판 모양 내치가 뚜렷하게 나타난다. 몸 전체에 짙은 점줄이 있다. 딱지날개에도 점줄과 고동색 털이 있다. 딱지날개 어깨에 크고 각진 돌기가 있다. 암컷은 수컷과 생김새가 비슷하나 큰턱이 더 작고 앞가슴등판이 둥글며 앞다리 종아리마디가 바깥쪽으로 휜다. 활엽수 수액을 빨며, 드물게 불빛에 온다. 아종은 없다.

분포

일본(도쿠노섬)

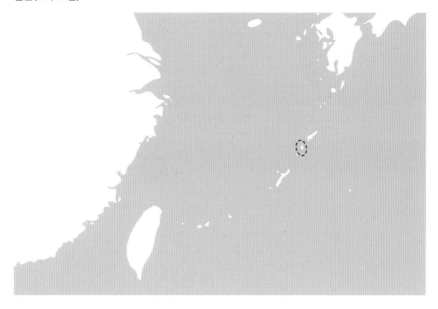

근연종

D. carinulatus carinulatus Nagel, 1941

D. carinulatus koreanus Jang et Kawai, 2008

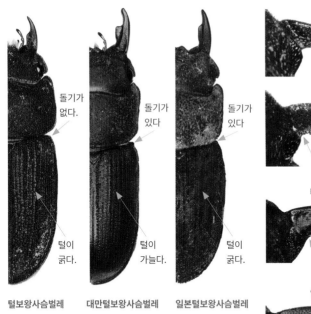

돌기가 없다.

털이 굵다.

돌기가 있다

털이 가늘다.

돌기가 있다

털이 굵다.

털보왕사슴벌레

대만털보왕사슴벌레

일본털보왕사슴벌레

일본털보왕사슴벌레 종군(*D. japonicus* group) 딱지날개 비교

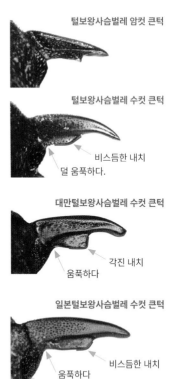

털보왕사슴벌레 암컷 큰턱

털보왕사슴벌레 수컷 큰턱

비스듬한 내치

덜 움푹하다.

대만털보왕사슴벌레 수컷 큰턱

각진 내치

움푹하다

일본털보왕사슴벌레 수컷 큰턱

비스듬한 내치

움푹하다

일본털보왕사슴벌레 종군 큰턱 비교

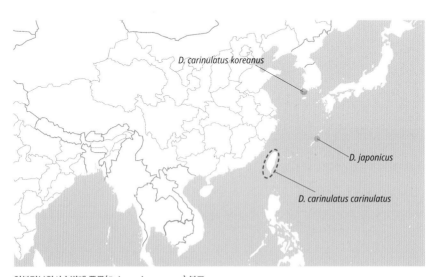

D. carinulatus koreanus

D. japonicus

D. carinulatus carinulatus

일본털보왕사슴벌레 종군(*D. japonicus* group) 분포

엷은털왕사슴벌레

Dorcus tenuihirsutus Kim & Kim, 2010

♂   ♀

형태 및 생태

몸길이는 수컷 16~25mm, 암컷 15~22mm다. 수컷 큰턱은 작고 끝이 두 갈래로 갈라지며 기부 근처에 판 모양 주내치가 비스듬하게 있다. 큰턱 바깥쪽 모서리는 밖으로 튀어나오지 않는다. 머리와 앞가슴등판은 점각과 털로 덮인다. 딱지날개에 줄지어 있는 털은 가늘다. 다리는 굵고 뒷다리 종아리마디 바깥쪽에 가시가 1개 있다. 암컷 몸 형태는 수컷과 유사하나 턱이 작고 앞가슴등판이 둥글다.

여름에 수령이 많은 참나무 수액에 모이나 수액이 나오는 틈 안쪽을 선호해 채집이 어렵다. 썩은 활엽수에서 월동하며 불빛에는 간혹 날아온다. 특정 지역에서 드물게 발견되며 아종은 없다.

분포

국내: 전국에 국소적으로 분포(현재 기록: 전북 정읍, 무주, 경남 합천, 경북 울진, 강원 인제, 경기 연천)

국외: 중국(베이징, 간쑤성, 허난성)

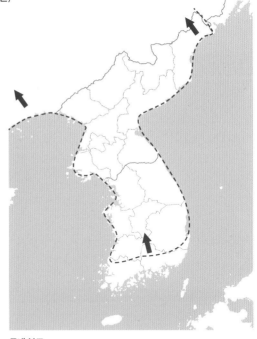

국내 분포

근연종

D. velutinus Thomson, 1862

D. ursulus Arrow, 1938

D. taiwanicus Nakane et S. Makino, 1985

D. kawamurai Fujita, 2010

성충. 강원 인제

알. 사육 4세대

유충. 사육 2세대

성충. 사육 3세대

털왕사슴벌레

Dorcus velutinus Thomson, 1862

♂

형태 및 생태

몸길이는 수컷 18~26mm, 암컷 18~22mm다. 수컷 큰턱은 작고 끝이 두 갈래로 갈라지며 기부 근처에는 판 모양 주내치가 비스듬하게 있다. 큰턱 바깥쪽 모서리가 튀어나온다. 머리와 앞가슴등판은 점각과 털로 덮인다. 딱지날개에 짙은 털이 줄지어 있다. 다리는 굵고 뒷다리 종아리마디 바깥쪽에 가시가 1개 있다. 암컷은 수컷과 생김새가 비슷하나 큰턱이 작고 앞다리 종아리마디가 바깥쪽으로 살짝 휘었다. 활엽수 수액을 빨며, 드물게 불빛에 온다. 아종은 없다.

분포

인도(북동부), 부탄, 미얀마, 태국(북부), 라오스(북부), 베트남, 중국(남부)

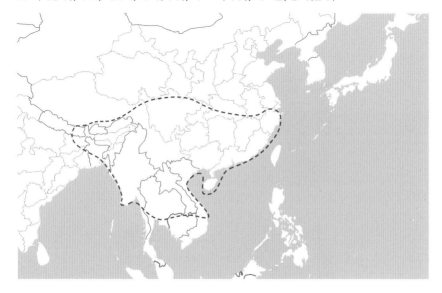

근연종

D. velutinus Thomson, 1862

D. ursulus Arrow, 1938

D. taiwanicus Nakane et S. Makino, 1985

D. kawamurai Fujita, 2010

대만털왕사슴벌레

Dorcus taiwanicus Nakane et S. Makino, 1985

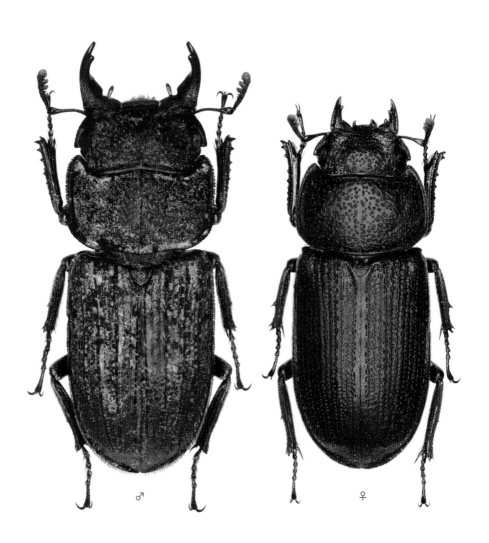

♂   우

형태 및 생태

몸길이는 수컷 13~25mm, 암컷 10~22mm다. 수컷 큰턱은 작고 끝이 두 갈래로 갈라지며 기부 근처에 다소 작은 판 모양 주내치가 비스듬하게 있다. 큰턱 바깥쪽 모서리는 밖으로 약간 튀어나온다. 큰턱 바깥쪽은 부드럽게 휘었다. 머리와 앞가슴등판은 점각과 털로 덮인다. 딱지날개에 짙은 털이 줄지어 있다. 다리는 굵고 뒷다리 종아리마디 바깥쪽에 가시가 1개 있다. 암컷은 수컷과 생김새가 비슷하나 큰턱이 작고 앞다리 종아리마디가 바깥쪽으로 살짝 휘었다. 활엽수 수액을 빨며, 드물게 불빛에 온다. 아종은 없다.

분포

대만

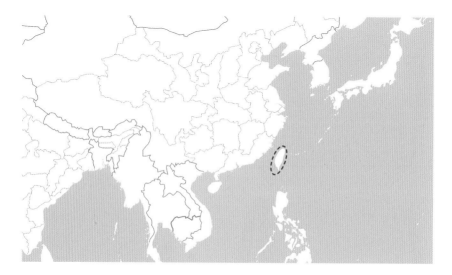

근연종

D. velutinus Thomson, 1862

D. ursulus Arrow, 1938

D. kawamurai Fujita, 2010

D. tenuihirsutus Kim et Kim, 2010

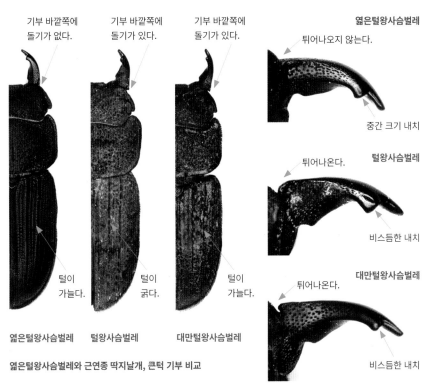

기부 바깥쪽에 돌기가 없다.

기부 바깥쪽에 돌기가 있다.

기부 바깥쪽에 돌기가 있다.

털이 가늘다.

털이 굵다.

털이 가늘다.

엷은털왕사슴벌레

털왕사슴벌레

대만털왕사슴벌레

엷은털왕사슴벌레와 근연종 딱지날개, 큰턱 기부 비교

엷은털왕사슴벌레

튀어나오지 않는다.

중간 크기 내치

털왕사슴벌레

튀어나온다.

비스듬한 내치

대만털왕사슴벌레

튀어나온다.

비스듬한 내치

엷은털왕사슴벌레와 근연종 큰턱 비교

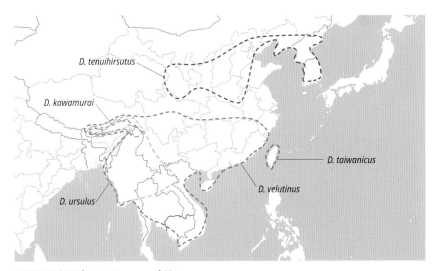

D. tenuihirsutus

D. kawamurai

D. taiwanicus

D. velutinus

D. ursulus

털왕사슴벌레 종군(*D. velutinus* group) 분포

왕사슴벌레

Dorcus hopei hopei (Saunders, 1854)

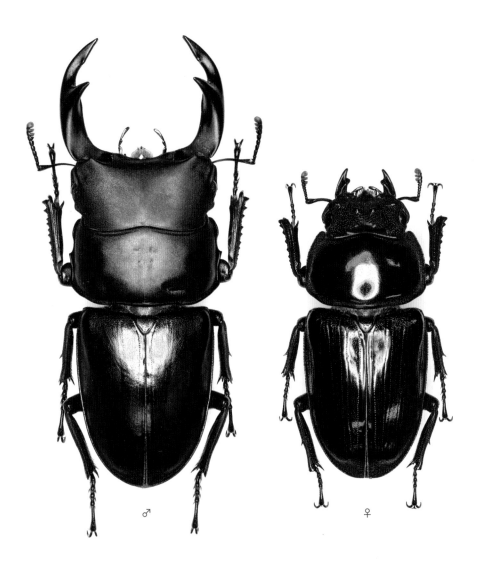

♂   ♀

형태 및 생태

수컷 몸길이는 25~70mm다. 큰턱은 굵고 길며 끝부분 안쪽에 미늘 모양 내치가 1개 있고 끝부분 가까이에 큰 주내치가 1개 있다. 주내치는 몸집에 따라 옆을 향하거나 위를 향하기도 한다. 큰 개체의 큰턱에는 아래쪽 안쪽을 따라 흔적 같은 내치가 있다. 머리 앞쪽에 큰 바늘 모양 돌기가 있다. 머리와 앞가슴등판은 광택 없이 매끈하며 점각은 없다. 몸집이 큰 수컷은 딱지날개가 점줄 없이 매끈하나 작은 개체는 암컷처럼 점줄이 있다. 다리는 굵고 가운뎃다리와 뒷다리 종아리마디 바깥쪽에 가시가 있다. 암컷 몸길이 25~45mm며, 광택이 강하다. 딱지날개에 진한 점줄이 있다.

전국 낮은 산지의 살짝 썩은 참나무류나 서어나무 등에 알을 낳는다. 우리나라에서 참나무류를 비롯한 활엽수에 분포하는 다른 종에 비해 월동하는 나무의 썩은 정도나 수분 상태에 민감하며 개체수가 적다. 때때로 불빛에 날아온다.

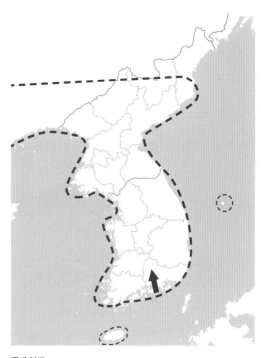

국내 분포

분포

국내: 전국(일부 섬 제외)
국외: 중국, 일본(쓰시마섬, 규슈, 시코쿠, 혼슈, 홋카이도)

아종

D. hopei formosanus Miwa, 1929

근연종

D. curvidens (Hope, 1840)
D. ritsemae Oberthür & Houlbert, 1914
D. grandis Didier, 1926

이전까지 한국 분포 종은 일본 분포 종과 함께 *D. hopei binodulosus* (Waterhouse, 1874)로 취급했으나, Huang & Chen (2013)이 아종으로서 특징이 불명확한 점을 근거로 동종이명 처리했다. 이 종군의 근연종 간 상호 관계 및 분포 범위에 관한 연구는 아직도 진행 중이다. 가장 최신 연구는 Choi (2016)가 수행한 것으로 이 종과 근연종 자료를 도판과 함께 제시했다.

2mm

왕사슴벌레 큰턱 변이

ⓒ최웅

성충. 2018.8.15. 경기 포천

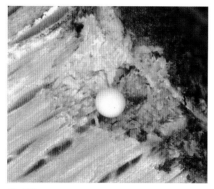

알. 사육

유충. 2019.3.9. 충남 논산

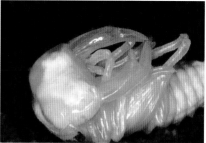

번데기. 사육

사체. 2019.7.13. 전북 정읍

쿠르비덴스왕사슴벌레

Dorcus curvidens curvidens (Hope, 1840)

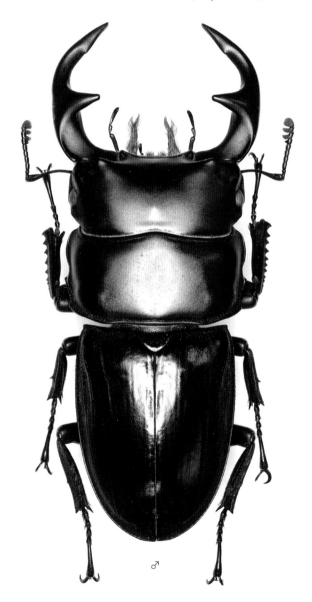

♂

형태 및 생태

몸길이는 수컷 30~82mm, 암컷 25~45mm다. 왕사슴벌레와 생김새가 매우 비슷하나 몸통이 넓고 큰턱의 주내치가 길고 굵다. 왕사슴벌레에 비해 광택이 강하다. 암컷 딱지날개 점줄이 뚜렷하다.

분포

인도(북부), 파키스탄, 네팔, 부탄, 미얀마, 태국, 캄보디아, 라오스, 베트남, 중국(남부)

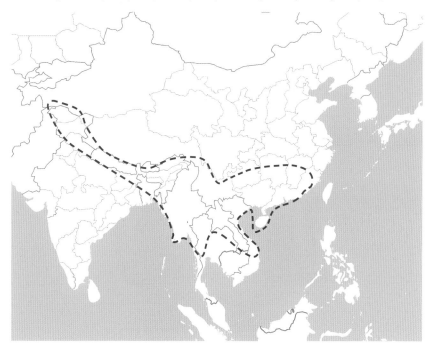

아종

D. curvidens babai Fujita, 2010(참고: 별개 종으로 간주하자는 의견도 있다.)

근연종

D. ritsemae Oberthür & houlbert, 1914
D. hopei (Saunders, 1854)
D. grandis Didier, 1926

바바왕사슴벌레

Dorcus curvidens babai Fujita, 2010

♂

형태 및 생태

몸길이는 수컷 30~82mm, 암컷 25~45mm다. 쿠르비덴스왕사슴벌레와 생김새가 매우 유사하나 큰턱에 있는 굵은 주내치가 조금 더 기부 쪽에 있다. 왕사슴벌레에 비해 광택이 강하다. 암컷 딱지날개 점줄이 뚜렷하다.

분포

베트남(남부)

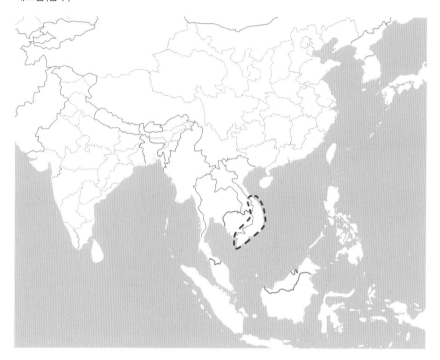

아종

D. curvidens curvidens (Hope, 1840)

근연종

D. ritsemae Oberthür & houlbert, 1914

D. hopei (Saunders, 1854)

D. grandis Didier, 1926

⑳ 릿세마왕사슴벌레

Dorcus ritsemae Oberthur & Houlbert, 1914

♂

형태 및 생태

몸길이는 수컷 30~80mm, 암컷 30~41mm다. 쿠르비덴스왕사슴벌레와 생김새가 매우 비슷해 특징이 잘 나타나는 큰 개체가 아니면 구별이 어렵다. 산지별로 큰 개체의 큰턱 형태가 달라 여러 아종으로 나뉜다. 암컷 딱지날개 점줄이 뚜렷하다.

분포

말레이시아(말레이반도, 보르네오섬), 인도네시아(수마트라, 자바, 칼리만탄, 술라웨시), 필리핀, 태국, 캄보디아

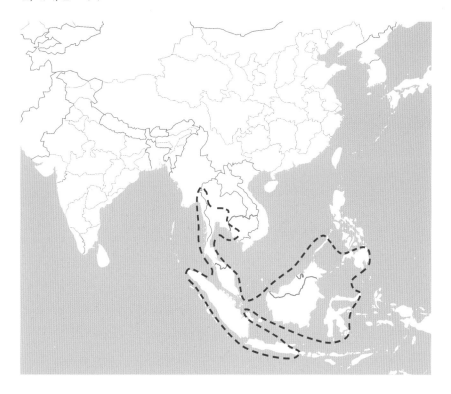

아종

D. ritsemae ritsemae Oberthur & Houlbert, 1914

D. ritsemae astridae Didier, 1932

D. ritsemae volscens Didier & Séguy, 1953

D. ritsemae setsuroi Mizunuma & Nagai, 1994

D. ritsemae curvus Mizunuma & Nagai, 1994

D. ritsemae kazuhisai Tsukawaki, 1998

D. ritsemae ungaiae Nagai & Tsukawaki, 1999

D. ritsemae khaoyaiensis Baba, 2012

근연종

D. curvidens (Hope, 1840)

D. hopei (Saunders, 1854)

D. grandis Didier, 1926

참고

쿠르비덴스왕사슴벌레(*D. curvidens*)와 같은 종으로 취급하는 학자들도 있다.

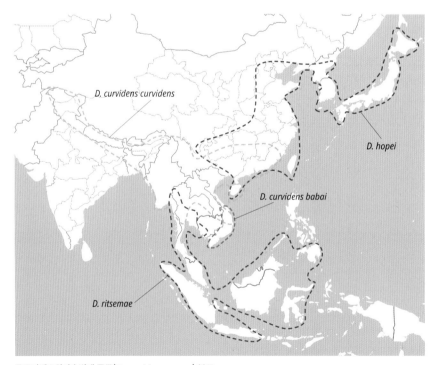

쿠르비덴스왕사슴벌레 종군(*D. curvidens* group) 분포

애왕사슴벌레

Dorcus montivagus (Lewis, 1883)

형태 및 생태

몸길이는 수컷 29~60mm, 암컷 25~42mm다. 몸통이 넓고 광택이 약하다. 큰턱 생김새는 왕사슴벌레와 비슷하지만 가늘고 둥글게 굽었다. 머리는 뒤쪽에서 좁아지며, 앞가슴등판은 머리를 감싸고 앞에서 넓어진다. 왕사슴벌레속 다른 종들에 비해 다리가 길다.

분포

일본(규슈, 시코쿠, 혼슈, 홋카이도)

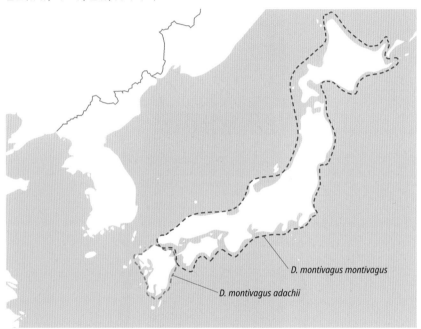

D. montivagus montivagus

D. montivagus adachii

아종

D. montivagus montivagus (Lewis, 1883)
D. montivagus adachii (Fujita et Ichikawa, 1987)

근연종

D. davidis (Fairmaire, 1887)

참고

애왕사슴벌레는 왕사슴벌레 종군과 약간 거리가 있으나 국내 기록이 있어 참고사항으로서 이 책에 실었다.

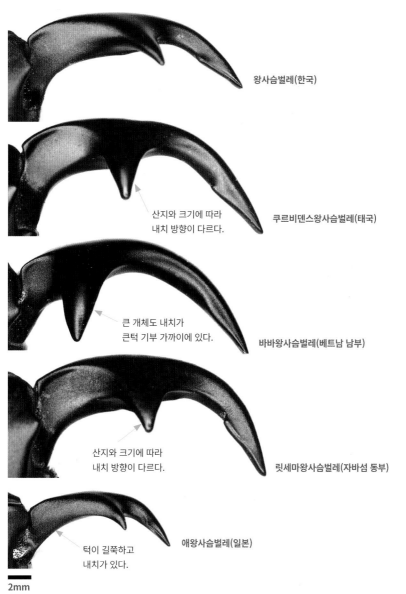

왕사슴벌레(한국)

산지와 크기에 따라
내치 방향이 다르다.

쿠르비덴스왕사슴벌레(태국)

큰 개체도 내치가
큰턱 기부 가까이에 있다.

바바왕사슴벌레(베트남 남부)

산지와 크기에 따라
내치 방향이 다르다.

릿세마왕사슴벌레(자바섬 동부)

턱이 길쭉하고
내치가 있다.

애왕사슴벌레(일본)

2mm

왕사슴벌레 4종 1아종 큰턱 비교

애사슴벌레

Dorcus rectus rectus (Motschulsky, 1857)

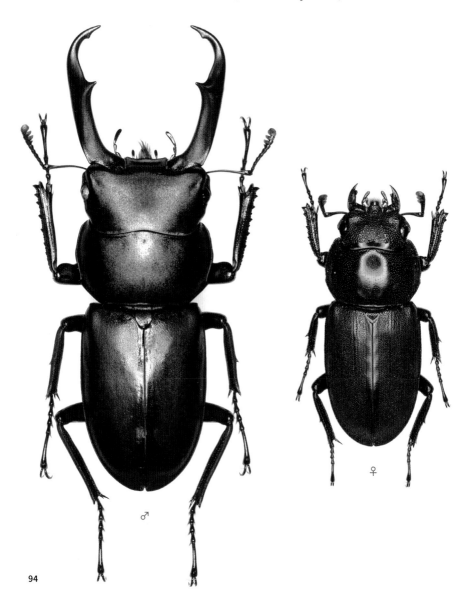

♂

♀

형태 및 생태

몸길이는 수컷 18~50mm, 암컷 15~32mm다. 큰턱은 가늘고 길다. 큰턱 끝부분 안쪽에 미늘 모양 내치가 1개 있고 끝부분에 큰 주내치가 1개 있으며 기부 부근에는 내치가 없다. 머리와 앞가슴등판은 광택 없이 매끈하며 점각이 없다. 딱지날개에는 깊지 않은 점줄이 있다. 다리는 가늘다. 뒷다리 종아리마디 바깥쪽에 가시가 없다.

전국 어디에서나 쉽게 볼 수 있다. 바싹 마른 나무나 거의 살아 있는 나무에서도 월동한다. 활엽수림에서는 대부분 성충이 보인다. 참나무를 비롯한 여러 활엽수 수액에 모이고 버드나무나 오리나무 가지에 매달려 있기도 한다. 불빛에도 날아온다.

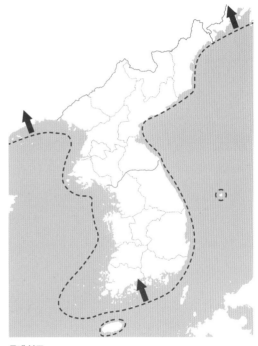

국내 분포

분포

국내: 전국(제주도, 울릉도 포함)

국외: 러시아(동부), 중국(랴오닝 성), 일본(규슈, 시코쿠, 혼슈, 홋카이도), 대만(대만에서는 암컷 2개체가 기록된 뒤로 추가 기록이 없다.)

아종

D. rectus kobayashii (Fujita et Ichikawa, 1985)

D. rectus miekoae (Yosida, 1991)

D. rectus yakushimaensis Tsuchiya, 2003

D. rectus mishimaensis Tsuchiya, 2003

근연종

D. amamianus (Nomura, 1964)

D. vicinus Saunders, 1854

애사슴벌레 큰턱 변이

2mm

수컷. 2019.6.27. 충북 보은

월동 성충. 2019.3.13. 충남 계룡

월동 성충. 2019.3.8. 충남 논산

월동 유충. 2019.3.13. 충남 계룡

번데기. 2019.6.27. 충남 논산

왕사슴벌레와 애사슴벌레의 잡종

야생 및 사육에서 왕사슴벌레와 애사슴벌레는
교잡이 가능해 종종 잡종 개체가 보인다.

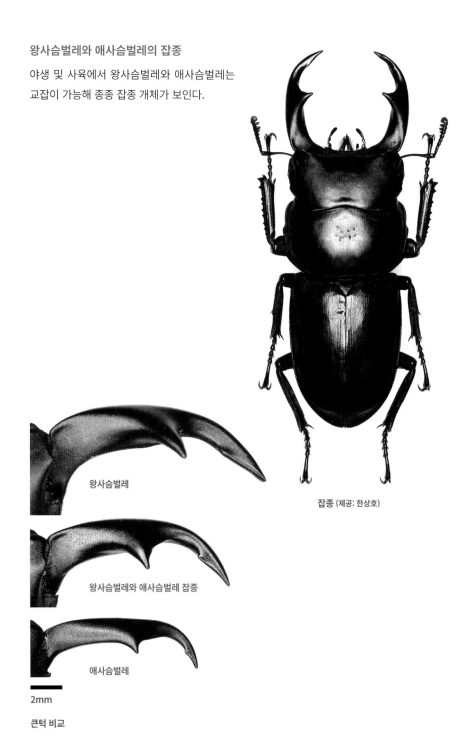

잡종 (제공: 한상호)

왕사슴벌레

왕사슴벌레와 애사슴벌레 잡종

애사슴벌레

2mm

큰턱 비교

하치조애사슴벌레

Dorcus rectus miekoae (Yoshida, 1991)

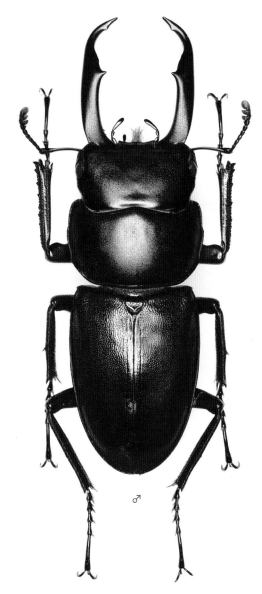

형태 및 생태

몸길이는 수컷 20~50mm, 암컷 22~30mm다. 암수 모두 암갈색이며 애사슴벌레에 비해 큰턱과 몸이 납작하고 연한 광택이 돈다.

분포

일본(하치조섬)

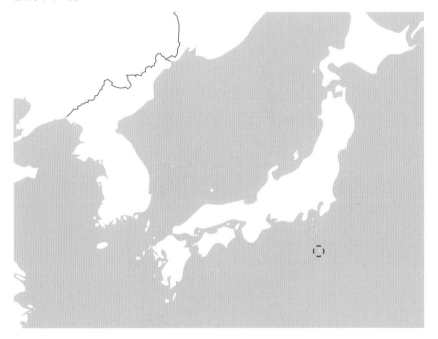

아종

D. rectus rectus (Motchulsky, 1857)

D. rectus yakushimaensis Tsuchiya, 2003

D. rectus mishimaensis Tsuchiya, 2003

D. rectus kobayashii (Fujita et Ichikawa, 1985)

근연종

D. vicinus Saunders, 1854

D. amamianus (Nomura, 1964)

네팔애사슴벌레

Dorcus nepalensis Hope, 1831

♂

형태 및 생태

몸길이는 수컷 38~80mm, 암컷 35~48mm로 애사슴벌레에 비해 크고 광택이 강하다. 큰턱은 애사슴벌레 큰턱과 비슷하나 큰 개체는 끝부분 내치 조금 아래에 작은 내치가 1개 있다. 암컷도 광택이 강하며 눈 앞쪽에 각진 부분이 있다. 아종은 없다.

분포

중국(티베트 자치구), 인도(북동부), 네팔

근연종

D. donckieri (Boileau, 1898)

D. macleayii (Hope et Westwood, 1845)

D. wardi Arrow, 1943

D. branaungi Nagai, 2000

줄사슴벌레

Dorcus striatipennis striatipennis Motchulsky, 1861

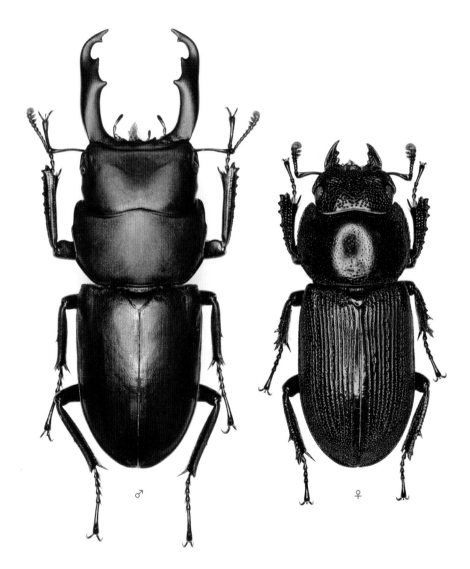

형태 및 생태

몸길이는 수컷 15~40mm, 암컷 14~25mm다. 애사슴벌레와 생김새가 비슷하나 큰턱이 더 곧으며 끝부분에서 각이 지고 주내치 위에 있는 내치가 위를 향한다. 앞가슴등판 옆쪽은 부드럽다. 작은 수컷과 암컷은 딱지날개에 점줄이 있다.

분포

일본(쓰시마섬, 규슈, 시코쿠, 혼슈, 이즈 제도, 홋카이도)

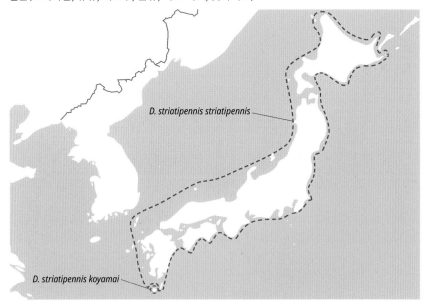

아종

D. striatipennis davidi (Séguy, 1954)
D. striatipennis koyamai (Nakane, 1978)
D. striatipennis yushiroi Sakaino, 1997

근연종

D. intricatus (Lacroix, 1981)
D. fujii (Nagai, 2010)
D. lvbu Huang et Chen, 2013
D. gongshanus Huang et Chen, 2013
D. linwenhsini Huang et Chen, 2013

네팔애사슴벌레

턱 끝부분에
작은 내치가 있다.

애사슴벌레

대부분 이곳에 내치가 없지만
간혹 변이형이 있다.

하치조애사슴벌레

내치가 흔적처럼 있다.

줄사슴벌레

턱이 길쭉하고 내치가 가늘다.

아마미애사슴벌레(*D. amamianus*)*

내치가 굵다.

2mm

애사슴벌레 1종 1아종과 3근연종 큰턱 비교

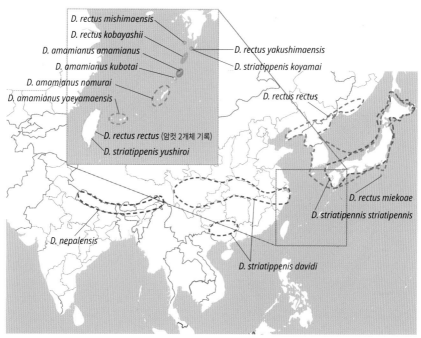

D. rectus mishimaensis
D. rectus kobayashii
D. amamianus amamianus
D. amamianus kubotai
D. amamianus nomurai
D. amamianus yaeyamaensis
D. rectus yakushimaensis
D. striatippenis koyamai
D. rectus rectus
D. rectus rectus (암컷 2개체 기록)
D. striatippenis yushiroi
D. rectus rectus
D. rectus miekoae
D. striatippenis striatippennis
D. nepalensis
D. striatippenis davidi

애사슴벌레 아종과 근연종 분포

홍다리사슴벌레

Dorcus rubrofemoratus chenpengi (Li, 1992)

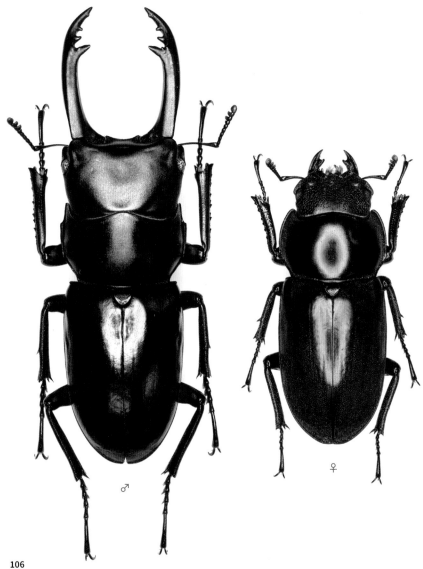

♂

♀

형태 및 생태

몸길이는 수컷 25~56mm, 암컷 25~35mm다. 수컷은 큰턱이 가늘고 길며 끝부분에 큰 주내치가 1개 있고 그 위로 톱니 같은 내치가 있다. 큰 개체에서는 큰턱 기부 안쪽에 눌린 듯 넓어진 부분이 있다. 머리와 앞가슴등판에 다소 광택이 있으며 점각은 없다. 딱지날개는 매끈하다. 다리는 가늘고 넓적다리마디에 진한 붉은 무늬가 있으며 가운뎃다리와 뒷다리 종아리마디 바깥쪽에 가시가 있다. 암컷은 몸이 납작하고 길며 광택이 강하다. 딱지날개는 매끈하다.

주로 전국 높은 산지에 서식하나 드물게 평지에서도 보인다. 산지에서 버드나무류나 오리나무류 가지에 상처를 내어 즙을 빨며, 간혹 느릅나무나 참나무류 수액도 빤다. 낮에도 많이 활동하며 잘 날고, 불빛에도 잘 날아든다.

분포

국내: 한반도 내륙 전역, 울릉도, 제주도(제주도에서는 최근 기록이 없다.)

국외: 러시아(동부), 중국(랴오닝성, 지린성, 헤이룽장성)

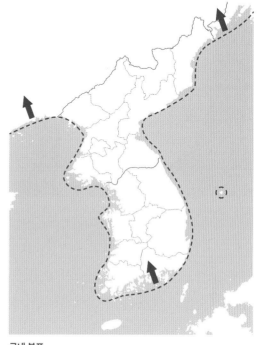

국내 분포

아종

D. rubrofemoratus rubrofemoratus (Vollenhoven, 1865)

D. rubrofemoratus chenpengi (Li, 1992)

D. rubrofemoratus miyamai Nagai et Okazaki, 2005

근연종

D. arrowi (Boileau, 1911)

D. yamadai (Miwa, 1937)

D. haitschunus (Didier & Séguy, 1952)

D. fukinukii Schenk, 2000

D. katctinensis Nagai, 2000

2mm

홍다리사슴벌레 큰턱 변이

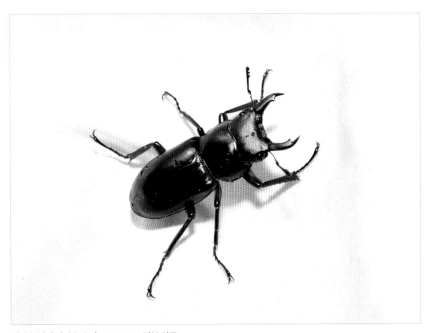

채집 불빛에 날아온 수컷. 2015.8.7. 전북 완주

암컷 아랫면 붉은 무늬. 사육 1세대

알. 사육 2세대

일본홍다리사슴벌레

Dorcus rubrofemoratus rubrofemoratus (Vollenhoven, 1865)

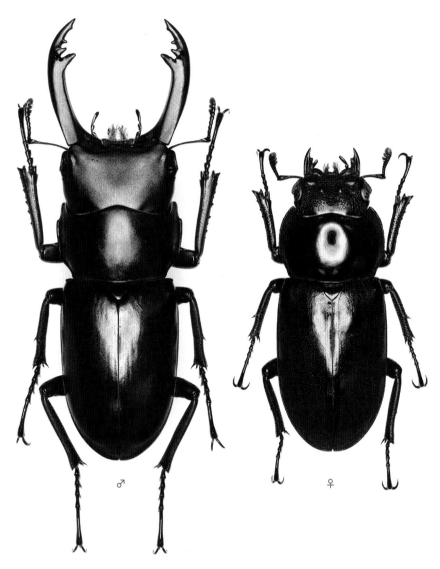

형태 및 생태

몸길이는 수컷 23~59mm, 암컷 24~40mm다. 홍다리사슴벌레와 매우 닮았으나, 앞가슴등판 옆쪽 첫 번째 각진 부분이 홍다리사슴벌레에 비해 조금 더 가운데 가까이 있고 주내치가 넓다. 암컷은 생김새로는 거의 구별할 수 없다.

분포

일본(쓰시마섬, 규슈, 시코쿠, 혼슈, 홋카이도)

아종

D. rubrofemoratus chenpengi (Li, 1992)

D. rubrofemoratus miyamai Nagai et Okazaki, 2005

근연종

D. arrowi (Boileau, 1911)

D. katctinensis Nagai, 2000

D. fukinukii (Schenk, 2000)

D. haitschunus (Didier et Séguy, 1953)

D. yamadai (Miwa, 1937)

D. derelictus Parry, 1862

아로우홍다리사슴벌레

Dorcus arrowi magdeleinae (Lacroix, 1972)

♂

형태 및 생태

몸길이는 수컷 30~73mm, 암컷 30~42mm다. 홍다리사슴벌레와 생김새가 비슷하나 딱지날개가 붉은색이다. 큰턱 주내치 아래로 작은 내치가 줄지어 있다. 넓적다리마디에 붉은 반점 없이 전체가 검다.

분포

베트남(북부), 태국(북부), 중국(윈난성)

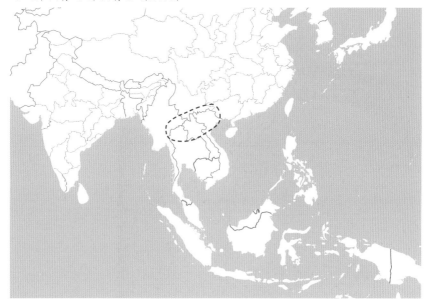

아종

D. arrowi arrowi Boileau, 1911
D. arrowi nobuhiroi Fujita, 2010
D. arrowi lieni Maeda, 2012

근연종

D. derelictus Parry, 1862
D. rubrofemoratus (Vollenhoven, 1865)
D. yamadai (Miwa, 1937)
D. haitschunus (Didier et Séguy, 1953)

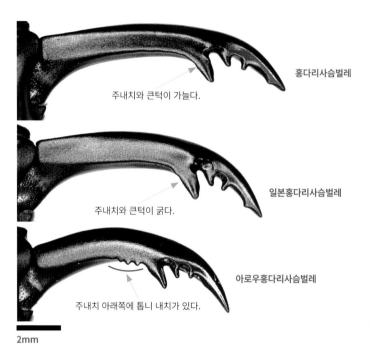

홍다리사슴벌레

주내치와 큰턱이 가늘다.

일본홍다리사슴벌레

주내치와 큰턱이 굵다.

아로우홍다리사슴벌레

주내치 아래쪽에 톱니 내치가 있다.

2mm

홍다리사슴벌레(아종 포함)와 아로우홍다리사슴벌레 큰턱 비교

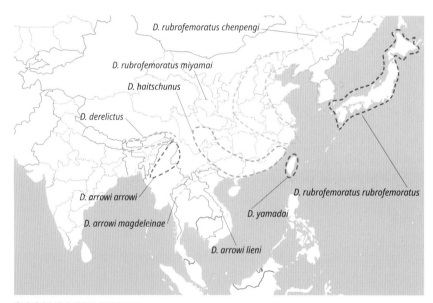

D. rubrofemoratus chenpengi

D. rubrofemoratus miyamai

D. haitschunus

D. derelictus

D. arrowi arrowi

D. arrowi magdeleinae

D. arrowi lieni

D. yamadai

D. rubrofemoratus rubrofemoratus

홍다리사슴벌레 아종과 근연종 분포

넓적사슴벌레

Dorcus titanus castanicolor (Motchulsky, 1861)

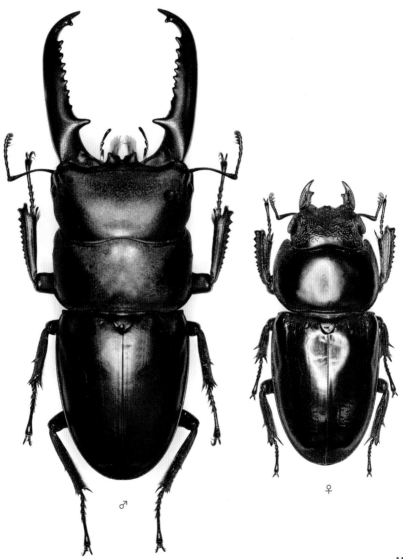

♂

♀

형태 및 생태

몸길이는 수컷 30~83mm, 암컷 25~40mm다. 큰턱은 가늘고 길다. 큰 개체는 광택이 없는 검은색이고 작을수록 광택이 강하다. 큰턱 끝부분 내치 바로 뒤에 작은 내치가 1개 있고 기부 가까이에 큰 주내치가 1개 있으며 그 위쪽으로 톱니 같은 내치가 있다. 머리방패는 넓적한 판 모양으로 가운데에서 양쪽으로 갈라진다. 머리와 앞가슴등판은 점각 없이 거칠며 딱지날개는 매끈하다. 다리는 굵고 앞다리 종아리마디 바깥쪽에 톱니 모양 돌기가 있으며, 가운뎃다리와 뒷다리 종아리마디 바깥쪽에 가시가 1개 있다. 암컷은 몸이 굵고 넓적하며 광택이 강하다. 딱지날개는 매끈하고 아주 옅은 점줄이 있다.

전국 산지에서 흔하게 보이며 적응력이 좋고 썩은 참나무류가 쓰러져지면에 닿은 부분 또는 땅에 박힌 밑동에 알을 낳는다. 참나무류 수액을 빠는 모습이 자주 보이며, 불빛에도 모인다.

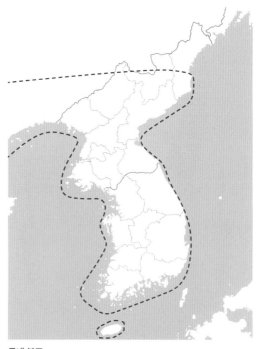

국내 분포

분포

국내: 전국(일부 섬 지역 제외)
국외: 중국(랴오닝성, 지린성),
　　　　일본(쓰시마섬)

아종

D. titanus titanus (Boisduval, 1835)

D. titanus westermanni (Hope, 1842)

D. titanus platymelus (Saunders, 1854)

D. titanus castanicolor (Motschulsky, 1861)

D. titanus pilifer (Vollenhoven, 1861)

D. titanus elegans (Boileau, 1899)

D. titanus typhon (Boileau, 1905)

D. titanus sika (Kriesche, 1920)

D. titanus fafner (Kriesche, 1920)

D. titanus okinawanus (Kriesche, 1922)

D. titanus typhoniformis (Nagel, 1924)

D. titanus sakishimanus (Nomura, 1964)

D. titanus tokunoshimaensis (Fujita et Ichikawa, 1985)

D. titanus takaraensis (Fujita et Ichikawa, 1985)

D. titanus okinoerabuensis (Fujita et Ichikawa, 1985)

D. titanus palawanicus (Lacroix, 1984)

D. titanus daitoensis (Fujita et Ichikawa, 1986)

D. titanus hachijoensis (Fujita et Okuda, 1989)

D. titanus karasuyamai Baba, 1999

D. titanus tatsutai Shiokawa, 2001

D. titanus nobuyukii Fujita, 2010

D. titanus yasuokai Fujita, 2010

D. titanus imperialis Fujita, 2010

D. titanus mindanaoensis Fujita, 2010

근연종

D. bucephalus (Perty, 1831)

D. consentaneus (Albers, 1886)

D. kyanrauensis (Miwa, 1934)

D. metacostatus Kikuta, 1985

참고

한반도와 중국 랴오닝성, 지린성 개체군을 *D. titanus fasolt* (Kriesche, 1920)로, 쓰시마 개체 군을 *Dorcus titanus castanicolor* (Motchulsky, 1861)로 보는 견해도 있다. 두 아종 간 차이 로 제시된 것은 한반도 분포 개체가 쓰시마 분포 개체보다 큰턱이 길고 좁다는 점이지만, 한반 도 분포 개체군의 변이 폭을 고려할 때 그 차이가 의미 있다고 보기 어렵다. Huang (2013)도 이러한 이유를 들어 *fasolt* 아종을 *castanicolor* 아종의 동물이명으로 처리했다. 현재 넓적사 슴벌레는 24아종으로 나뉘었으나 앞으로 더 많은 아종으로 분화할 여지가 있다. 또한 Huang (2013)은 넓적사슴벌레와 근연종들을 *Serrognathus*속으로 간주했으나 *Dorcus*속이 많은 아 속으로 나뉘고, 이를 속으로 나누는 것에 관해서는 학자에 따라 이견이 있기에 여기에서는 더 많은 학자가 사용하는 *Dorcus*로 표기했다.

넓적사슴벌레 큰턱 크기 변이

| 2mm

내치가 잘 발달했다.
전북 완주

내치가 덜 발달했다.
전북 완주

내치가 없다.
사육 1세대. 전북 완주

턱이 길다.
제주 서귀포

턱이 짧고 굵다.
제주 서귀포

2mm

넓적사슴벌레 큰턱 개체 변이

수컷. 2019.6.27. 충북 보은

암컷. 2019.7.3. 전북 정읍

채집 불빛에 날아온 수컷. 2016.6.23. 충남 금산

채집 불빛에 날아온 암컷. 2019.6.27. 충북 보은

알. 사육 4세대

유충과 유충 머리. 사육

수컷 날개돋이. 사육

암컷 날개돋이. 사육

암컷 산란 장면. 사육

중국넓적사슴벌레

Dorcus titanus platymelus (Saunders, 1854)

♂

형태 및 생태

몸길이는 수컷 28~87mm, 암컷 30~41mm다. 넓적사슴벌레와 매우 닮았으나 머리방패가 더 길고 큰턱 톱니에 있는 작은 내치가 더 적다.

분포

중국(저장성, 푸젠성, 장쑤성, 장시성, 안후이성, 허난성, 후베이성, 쓰촨성, 산시성, 후난성, 광둥성, 광시성, 구이저우성)

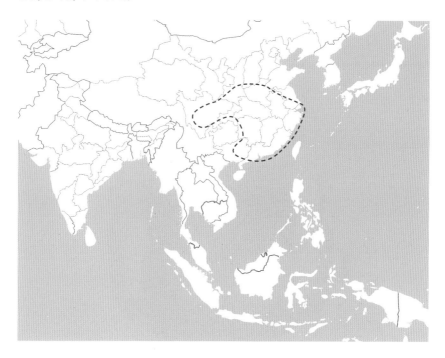

아종

동아시아 전역에 24아종이 산다. 「29. 넓적사슴벌레」 아종 목록 참조

근연종

D. bucephalus (Perty, 1831)

D. consentaneus (Albers, 1886)

D. kyanrauensis (Miwa, 1934)

D. metacostatus Kikuta, 1985

귀주넓적사슴벌레

Dorcus titanus typhoniformis (Nagel, 1924)

♂

형태 및 생태

몸길이는 수컷 31~83mm, 암컷 30~39mm다. 중국넓적사슴벌레와 턱을 제외한 생김새가 같다. 큰턱 주내치가 한가운데 또는 끝부분에 있고 작은 내치가 있는 부분이 짧다.

분포

중국(구이저우성, 광시성, 윈난성)

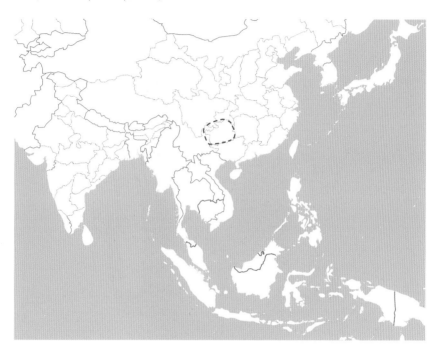

아종

동아시아 전역에 24아종이 산다. 「29. 넓적사슴벌레」 아종 목록 참조

근연종

D. bucephalus (Perty, 1831)

D. consentaneus (Albers, 1886)

D. kyanrauensis (Miwa, 1934)

D. metacostatus Kikuta, 1985

대만넓적사슴벌레

Dorcus titanus sika (Kriesche, 1920)

♂

형태 및 생태

몸길이는 수컷 28~72mm, 암컷 29~36mm다. 평균 크기는 넓적사슴벌레보다 작고 몸에 갈색 또는 붉은색이 감도는 개체가 많다. 큰턱은 다소 굵고 몸통이 넓다.

분포

대만

아종

동아시아 전역에 24아종이 산다. 「29. 넓적사슴벌레」 아종 목록 참조

근연종

D. bucephalus (Perty, 1831)

D. consentaneus (Albers, 1886)

D. kyanrauensis (Miwa, 1934)

D. metacostatus Kikuta, 1985

사키시마넓적사슴벌레

Dorcus titanus sakishimanus (Nomura, 1964)

♂

형태 및 생태

몸길이는 수컷 28~79mm, 암컷 26~40mm다. 넓적사슴벌레에 비해 몸이 굵고, 큰턱 내치가 작으며, 주내치는 큰턱 가운데에 있다. 뒷다리 종아리마디 가시가 다른 아종에 비해 크다.

분포

일본 야에야마 제도(이시가키섬, 다케토미섬, 고하마섬, 구로시마섬, 아라구스쿠섬, 이리오모테섬, 하토마섬, 요나구니섬)

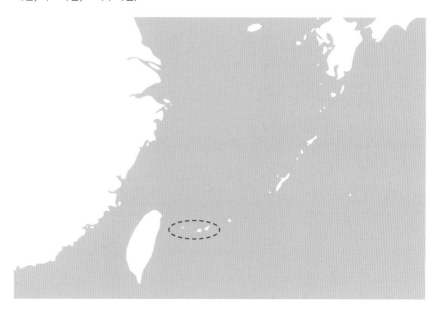

아종

동아시아 전역에 24아종이 산다. 「29. 넓적사슴벌레」 아종 목록 참조

근연종

D. bucephalus (Perty, 1831)
D. consentaneus (Albers, 1886)
D. kyanrauensis (Miwa, 1934)
D. metacostatus Kikuta, 1985

대륙넓적사슴벌레

Dorcus titanus fafner (Kriesche, 1920)

형태 및 생태

몸길이는 수컷 32~90mm, 암컷 28~38mm다. 넓적사슴벌레와 생김새가 비슷하나 몸통이 약간 더 넓고, 큰턱에 다소 불규칙하게 톱니가 나며 주내치가 있는 기부가 굵다.

분포

중국(하이난성), 미얀마(북부), 라오스(북부), 베트남(북부)

아종

동아시아 전역에 24아종이 산다. 「29. 넓적사슴벌레」 아종 목록 참조

근연종

D. bucephalus (Perty, 1831)
D. consentaneus (Albers, 1886)
D. kyanrauensis (Miwa, 1934)
D. metacostatus Kikuta, 1985

팔라완넓적사슴벌레

Dorcus titanus palawanicus (Lacroix, 1984)

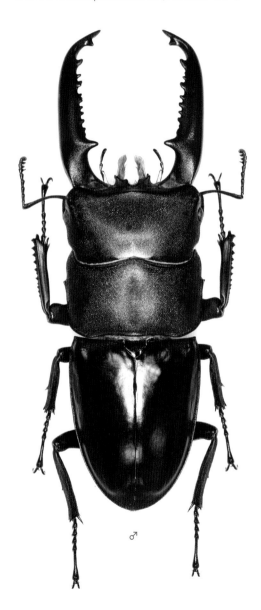

♂

형태 및 생태

몸길이는 수컷 35~112mm, 암컷 38~53mm다. 넓적사슴벌레와 매우 닮았으나 평균 크기가 크고 최대 크기도 여러 아종 중 가장 크다. 큰턱 생김새는 넓적사슴벌레와 비슷하나 톱 모양인 작은 내치가 더 뚜렷하고 개수가 많다.

분포

필리핀(팔라완섬)

아종

동아시아 전역에 24아종이 산다. 「29. 넓적사슴벌레」 아종 목록 참조

근연종

D. bucephalus (Perty, 1831)

D. consentaneus (Albers, 1886)

D. kyanrauensis (Miwa, 1934)

D. metacostatus Kikuta, 1985

수마트라넓적사슴벌레

Dorcus titanus yasuokai Fujita, 2010

♂

형태 및 생태

몸길이는 수컷 32~103mm, 암컷 32~48mm다. 넓적사슴벌레에 비해 몸통이 넓고 평균 크기가 크다. 큰턱이 굵으며, 주내치가 끝부분에 있는 형태와 기부 가까이에 있는 형태까지 다양한 변이를 보인다.

분포

인도네시아(수마트라섬)

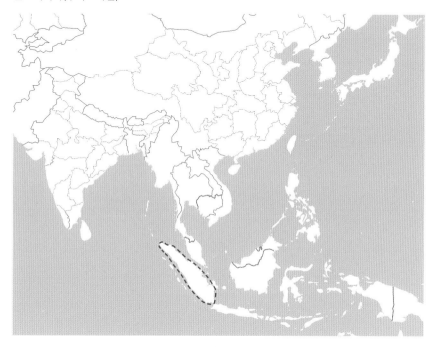

아종

동아시아 전역에 24아종이 산다. 「29. 넓적사슴벌레」 아종 목록 참조

근연종

D. bucephalus (Perty, 1831)

D. consentaneus (Albers, 1886)

D. kyanrauensis (Miwa, 1934)

D. metacostatus Kikuta, 1985

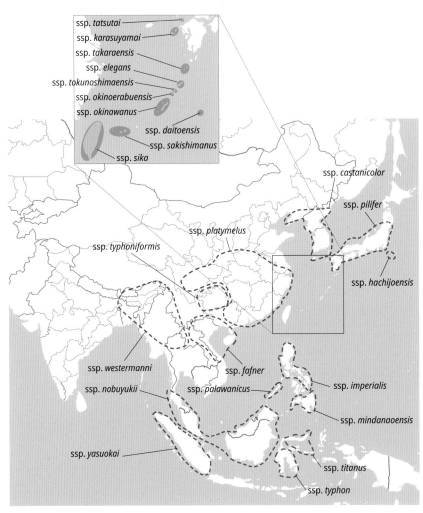

ssp. tatsutai
ssp. karasuyamai
ssp. takaraensis
ssp. elegans
ssp. tokunoshimaensis
ssp. okinoerabuensis
ssp. okinawanus
ssp. daitoensis
ssp. sakishimanus
ssp. sika

ssp. castanicolor
ssp. pilifer
ssp. platymelus
ssp. typhoniformis
ssp. hachijoensis
ssp. westermanni
ssp. fafner
ssp. imperialis
ssp. nobuyukii
ssp. palawanicus
ssp. mindanaoensis
ssp. yasuokai
ssp. titanus
ssp. typhon

넓적사슴벌레 24아종 분포

* 지도에 표시된 지역 외에도 미발표된 아종 개체군이 여럿 있다.

자바넓적사슴벌레

Dorcus bucephalus Petry, 1831

♂

형태 및 생태

몸길이는 수컷 38~91mm, 암컷 34~50mm며, 몸통이 넓다. 큰턱 끝부분에 미늘 모양 내치가 심하게 눌려 안쪽으로 굽었다. 넓적사슴벌레와 생김새가 비슷하나 큰턱이 심하게 굽어 각이 진다. 암컷도 넓적사슴벌레와 생김새가 거의 비슷하나 딱지날개에 흐릿한 주름이 있고 몸통이 넓다. 아종은 없다.

분포

인도네시아(자바섬)

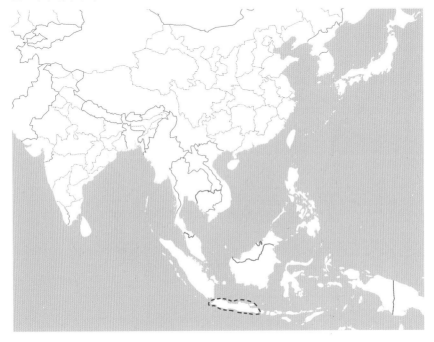

근연종

D. titanus (Boisduval, 1835)

D. consentaneus (Albers, 1886)

D. kyanrauensis (Miwa, 1934)

D. metacostatus Kikuta, 1985

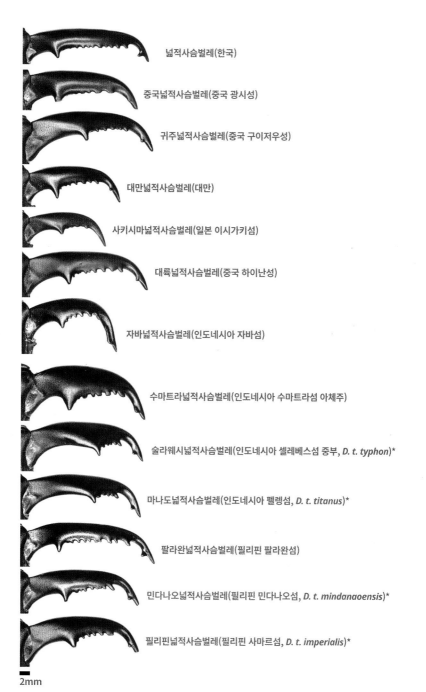

넓적사슴벌레(한국)

중국넓적사슴벌레(중국 광시성)

귀주넓적사슴벌레(중국 구이저우성)

대만넓적사슴벌레(대만)

사키시마넓적사슴벌레(일본 이시가키섬)

대륙넓적사슴벌레(중국 하이난성)

자바넓적사슴벌레(인도네시아 자바섬)

수마트라넓적사슴벌레(인도네시아 수마트라섬 아체주)

술라웨시넓적사슴벌레(인도네시아 셀레베스섬 중부, *D. t. typhon*)*

마나도넓적사슴벌레(인도네시아 펠렝섬, *D. t. titanus*)*

팔라완넓적사슴벌레(필리핀 팔라완섬)

민다나오넓적사슴벌레(필리핀 민다나오섬, *D. t. mindanaoensis*)*

필리핀넓적사슴벌레(필리핀 사마르섬, *D. t. imperialis*)*

2mm

넓적사슴벌레 아종과 근연종 큰턱 비교

* 본문 미수록종

참넓적사슴벌레

Dorcus consentanus consentaneus (Albers, 1886)

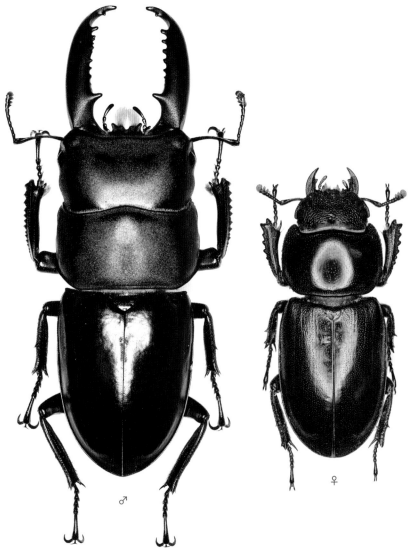

형태 및 생태

몸길이는 수컷 22~59mm, 암컷 25~36mm다. 몸집이 큰 개체는 광택이 없는 검은색이고 작을수록 광택이 강하다. 큰턱은 가늘고 길며 외연 부분이 둥글다. 큰턱 끝부분 내치 바로 아래에 작은 내치가 1개 있고 기부 가까이에 큰 주내치가 1개 있으며, 그 위쪽으로 톱니 같은 내치가 있다. 머리방패는 넓적한 판 모양이며 양쪽으로 갈라진다. 머리와 앞가슴등판은 점각 없이 거칠며 딱지날개는 매끈하다. 배 끝부분이 볼록하게 튀어나온다. 앞다리가 안쪽으로 굽어 있고 종아리마디 바깥쪽에 톱니 모양 돌기가 있으며, 가운뎃다리와 뒷다리 종아리마디 바깥쪽에 가시가 1개 있으나, 뒷다리 가시는 흔적만 있다. 암컷은 몸이 굵고 넓적하며 광택이 강하다. 딱지날개는 매끈하고 앞다리가 안쪽으로 굽어 있다.

넓적사슴벌레에 비해 개체수가 적고 서식지 환경에도 민감하다. 겨울철에 나무가 검게 썩은 부분에서 자주 보이는 것을 고려하면 넓적사슴벌레에 비해 조금 더 습한 환경을 선호하는 듯하다. 보행성이 강하나 앞다리가 굽어서 어기적거리며 걷는다.

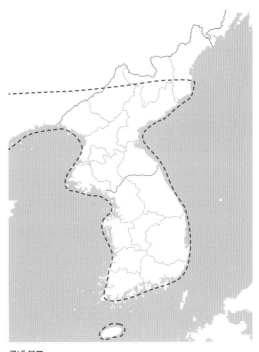

국내 분포

분포

국내: 전국(울릉도 및 일부 섬 제외)
국외: 일본(쓰시마섬), 중국(랴오닝성, 허베이성, 산둥성, 베이징)

아종

D. consentaneus akahorii Tsukawaki, 1998

근연종

D. bucephalus (Perty, 1831)
D. titanus (Boisduval, 1835)
D. kyanrauensis (Miwa, 1934)
D. metacostatus Kikuta, 1985

참넓적사슴벌레 큰턱 변이

2mm

수컷. 2019.7.3. 전북 정읍

유충. 사육 2세대

번데기. 사육 2세대

중국참넓적사슴벌레

Dorcus consentaneus akahorii (Tsukawaki,1998)

♂

형태 및 생태

몸길이는 수컷 24~65mm, 암컷 20~36mm다. 원명아종과 거의 모든 면에서 비슷하나 원명아종에 비해 큰턱이 발달했고, 기부 쪽 큰 내치도 크다.

분포

중국(쓰촨성, 후베이성, 후난성, 장쑤성, 장시성, 저장성, 하이난성)

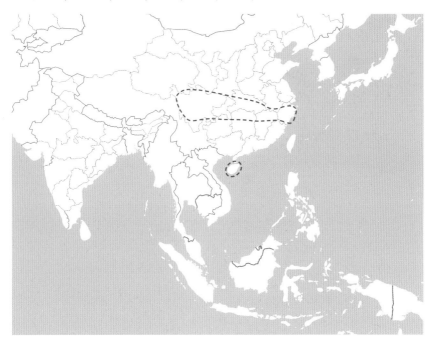

아종

D. consentaneus consentaneus (Albers, 1886)

근연종

D. bucephalus (Perty, 1831)

D. titanus (Boisduval, 1835)

D. kyanrauensis (Miwa, 1934)

D. metacostatus Kikuta, 1985

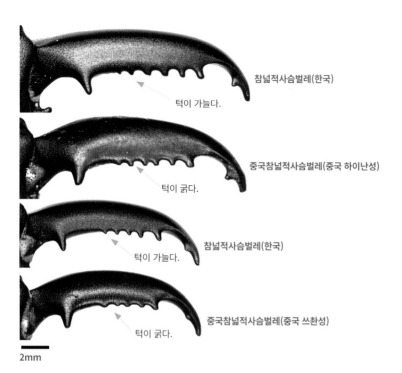

참넓적사슴벌레(한국)

턱이 가늘다.

중국참넓적사슴벌레(중국 하이난성)

턱이 굵다.

참넓적사슴벌레(한국)

턱이 가늘다.

중국참넓적사슴벌레(중국 쓰촨성)

턱이 굵다.

2mm

참넓적사슴벌레와 아종 큰턱 비교

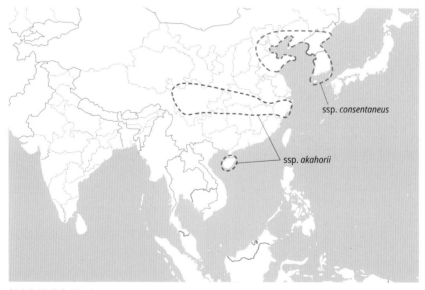

ssp. *consentaneus*

ssp. *akahorii*

참넓적사슴벌레 아종 분포

톱사슴벌레

Prosopocoilus inclinatus inclinatus (Motschulsky, 1857)

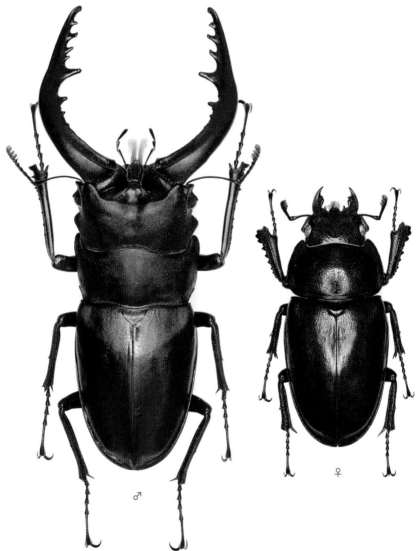

♂

♀

형태 및 생태

몸길이는 수컷 21~72mm, 암컷 25~42mm이다. 몸집이 큰 개체에서는 큰턱이 안쪽으로 많이 굽으며 아래로 휘고 작은 개체에서는 아래로 굽지 않으며, 몸집이 중간 크기일 때는 크기나 굽은 정도가 중간쯤이다. 머리방패는 길게 뻗어 아래로 내려가고 머리 앞면과 머리방패 경계에 앞으로 향한 돌기가 있다. 머리 앞모서리는 뾰족하고 눈 뒤쪽 머리 가장자리에 볼록한 곳이 있다. 앞가슴등판은 둥그스름하며 앞쪽이 넓은 사다리꼴에 가깝다. 딱지날개는 얇고 긴 편이다. 다리는 가늘고 길며 앞다리 종아리마디 바깥쪽에 작은 돌기가 여러 개 있다. 가운뎃다리와 뒷다리에는 돌기가 1개씩 있다. 암컷은 몸이 달걀 모양에 점각이 고루 퍼져 있고 광택이 조금 돈다. 몸 색깔은 붉은색부터 검은색까지 골고루 나타난다. 앞다리 종아리마디 앞부분이 크다.

저지대부터 고지대까지 폭넓게 분포하나 저지대에서 더 많이 보인다. 참나무 수액이나 나뭇가지에 모이며 불빛에도 날아온다. 암컷은 썩은 참나무류 둥치에 알을 낳고, 유충은 썩은 나무뿌리를 파먹고 자라다가 번데기가 되기 직전에 흙으로 이동해서 번데기방을 짓는다. 날개돋이한 성충은 번데기방에서 여름이 오기까지 기다렸다가 활동한다. 초봄에서 여름 사이에 날개돋이하면 그해에 활동하며, 늦여름에서 가을에 날개돋이하면 그해는 휴면 상태로 지내다가 이듬해 여름에 활동하기 때문에 겨울에 성충과 유충을 모두 볼 수 있다.

분포

국내: 전국(울릉도 포함)
국외: 러시아(쿠나시르섬),
중국(랴오닝성), 일본(쓰시마섬,
규슈, 시코쿠, 혼슈, 이즈오섬,
홋카이도)

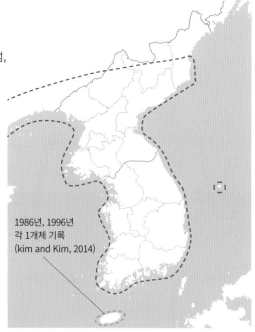

1986년, 1996년
각 1개체 기록
(kim and Kim, 2014)

국내 분포

아종

P. inclinatus mishimaiouensis Shimizu et Murayama, 1998

P. inclinatus kuchinoerabuensis Shimizu et Murayama, 1998

P. inclinatus kuroshimaensis Shimizu et Murayama, 2004

P. inclinatus miyakejimaensis Adachi, 2009

P. inclinatus mikuraensis Matsuoka et Takatoji, 2010

P. inclinatus yakushimaensis Adachi, 2014

근연종

P. hachijoensis Nomura, 1960

P. dissimilis (Boileau,1898)

P. pseudodissimilis Y. Kurosawa, 1976

P. motschulskii (Waterhouse, 1869)

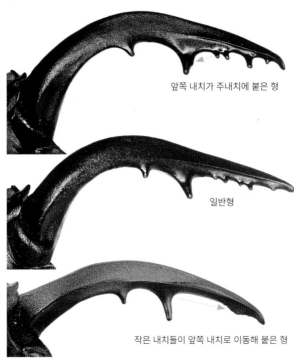

앞쪽 내치가 주내치에 붙은 형

일반형

ⓒ 손영일

작은 내치들이 앞쪽 내치로 이동해 붙은 형

2mm

톱사슴벌레 큰턱 변이

톱사슴벌레 큰턱 변이

암수. 2019.6.27. 충북 보은

수컷. 2015.7.14. 전북 완주

큰턱이 짧은 수컷. 2019.6.27. 충북 보은

암컷. 2019.6.27. 충북 보은

알. 사육 1세대

월동 유충. 2019.3.28. 경기 동두천

월동 성충. 2019.3.28. 경기 동두천

미야케톱사슴벌레

Prosopocoilus inclinatus miyakejimaensis Adachi, 2009

형태 및 생태

몸길이는 수컷 25~69mm, 암컷 24~38mm다. 톱사슴벌레와 생김새가 비슷하나 원명아종에 비해 큰턱이 작고 크게 휜다. 암컷은 원명아종과 생김새로 구별할 수 없다.

분포

일본(이즈 제도 남동부: 미야케섬, 니이섬, 고즈섬, 시키네섬)

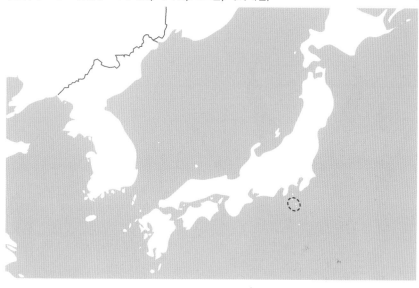

아종

P. inclinatus inclinatus (Motschulsky, 1857)

P. inclinatus mishimaiouensis Shimizu et Murayama, 1998

P. inclinatus kuchinoerabuensis Shimizu et Murayama, 1998

P. inclinatus kuroshimaensis Shimizu et Murayama, 2004

P. inclinatus mikuraensis Matsuoka et Takatoji, 2010

P. inclinatus yakushimaensis Adachi, 2014

근연종

P. hachijoensis Nomura, 1960

P. dissimilis (Boileau, 1898)

P. pseudodissimilis Y. Kurosawa, 1976

P. motschulskii (Waterhouse, 1869)

하치조톱사슴벌레

Prosopocoilus hachijoensis Nomura, 1960

♂   ♀

형태 및 생태

몸길이는 수컷 24~59mm, 암컷 23~40mm고 약간 광택이 도는 검은색이다. 큰턱이 작고 딱지날개는 둥글며 톱사슴벌레에 비해 발목마디가 짧다. 아종은 없다.

분포

일본(이즈 제도: 하치조섬)

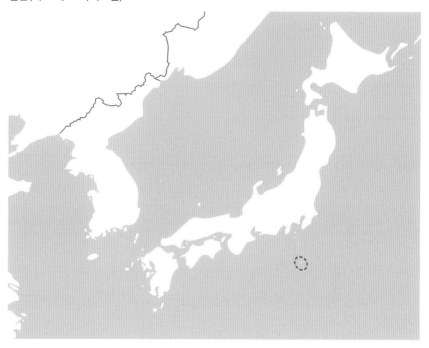

근연종

P. inclinatus (Motschulsky, 1857)

P. dissimilis (Boileau, 1898)

P. pseudodissimilis Y. Kurosawa, 1976

P. motschulskii (Waterhouse, 1869)

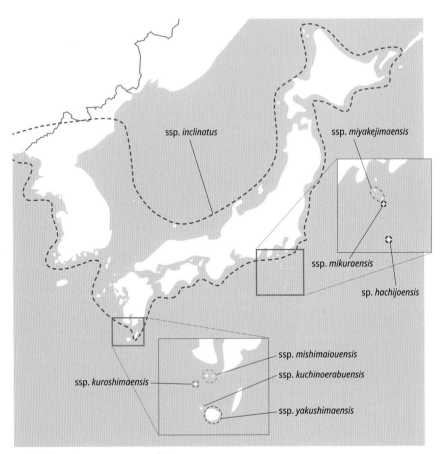

ssp. *inclinatus*

ssp. *miyakejimaensis*

ssp. *mikuraensis*

sp. *hachijoensis*

ssp. *mishimaiouensis*

ssp. *kuroshimaensis*

ssp. *kuchinoerabuensis*

ssp. *yakushimaensis*

톱사슴벌레 종군(*P. inclinatus* group) 분포

아마미톱사슴벌레

Prosopocoilus dissimilis dissimilis (Boileau,1898)

형태 및 생태

몸길이는 수컷 26~79mm, 암컷 25~40mm다. 톱사슴벌레보다 광택이 강하며, 수컷 몸은 암 갈색에서 검은색이다. 몸집이 큰 개체의 큰턱은 톱사슴벌레와 다르게 원을 그리듯이 유연하게 굽는다. 끝부분 내치 뒤쪽에 내치가 1개 따로 있고, 그 뒷부분 내치는 합쳐져 살짝 앞쪽을 향한 다. 큰턱 가운데에 큰 주내치가 1개 있고 주내치 가까이에 거의 붙을 듯한 내치가 1개 있다. 머 리방패 가운데가 앞으로 튀어나와 두 갈래로 갈라진다. 암컷은 톱사슴벌레와 생김새가 거의 비 슷하나 딱지날개에 있는 짙은 점줄 4개가 도드라진다.

분포

일본(아마미 제도: 아마미오섬, 가케로섬, 요로섬, 우케섬)

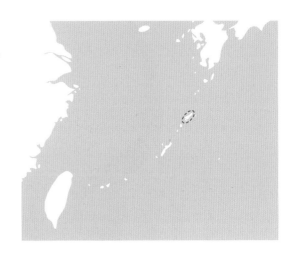

아종

P. dissimilis elegans (Inahara, 1958)

P. dissimilis okinawanus Nomura, 1962

P. dissimilis makinoi Ichikawa et Fujita, 1985

P. dissimilis okinoerabuensis Ichikawa et Fujita, 1985

P. dissimilis kumejimaensis Ichikawa et Fujita, 1985

P. dissimilis hayashii Fujita, 2009

근연종

P. inclinatus (Motschulsky, 1857)

P. rosopocoilus hachijoensis Nomura, 1960

P. pseudodissimilis Y. Kurosawa, 1976

P. motschulskii (Waterhouse, 1869)

도쿠노시마톱사슴벌레

Prosopocoilus dissimilis makinoi Ichikawa et Fujita,1985

형태 및 생태

몸길이는 수컷 28~75mm, 암컷 25~40mm다. 톱사슴벌레보다 광택이 강하며, 수컷 몸은 적갈색에서 검은색이다. 큰턱은 원명아종과 비슷하나 몸길이에 비해 조금 짧다. 끝부분 내치 뒤쪽에 내치가 1개 따로 있고 그 뒤쪽 내치는 합쳐져 살짝 앞쪽을 향한다. 주내치 아래 작은 내치는 조금 떨어져 있다. 머리방패 가운데가 튀어나와 두 갈래로 갈라진다. 암컷은 톱사슴벌레와 생김새가 거의 비슷하나 딱지날개에 있는 점줄 4개가 도드라진다.

분포

일본(도쿠노섬)

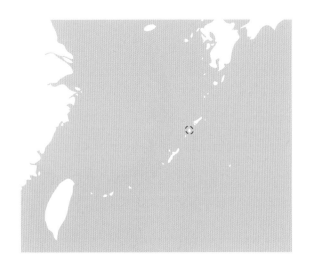

아종

P. dissimilis dissimilis (Boileau, 1898)

P. dissimilis elegans (Inahara, 1958)

P. dissimilis okinawanus Nomura, 1962

P. dissimilis okinoerabuensis Ichikawa et Fujita, 1985

P. dissimilis kumejimaensis Ichikawa et Fujita, 1985

P. dissimilis hayashii Fujita, 2009

근연종

P. inclinatus (Motschulsky, 1857)

P. rosopocoilus hachijoensis Nomura, 1960

P. pseudodissimilis Y. Kurosawa, 1976

P. motschulskii (Waterhouse, 1869)

오키나와톱사슴벌레

Prosopocoilus dissimilis okinawanus Nomura, 1962

♂

형태 및 생태

몸길이는 수컷 24~72mm, 암컷 25~35mm다. 톱사슴벌레보다 광택이 강하며, 수컷 몸은 붉은색에서 검은색이다. 큰턱은 원명아종보다 덜 굽었으며, 끝부분 내치 뒤쪽에 내치가 1개 따로 있고 그 뒤쪽 내치는 합쳐져 살짝 앞쪽을 향한다. 주내치가 조금 작고 그 아래 작은 내치는 조금 더 크며 기부에 더 가깝다. 머리방패 가운데가 앞으로 튀어나와 두 갈래로 갈라진다. 암컷은 톱사슴벌레와 생김새가 거의 비슷하고 딱지날개에 점줄이 없다.

분포

일본(오키나와 제도: 오키나와섬,
고우리섬, 민나섬, 야가지섬)

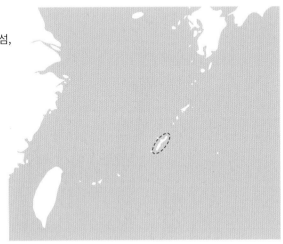

아종

P. dissimilis dissimilis (Boileau, 1898)

P. dissimilis elegans (Inahara, 1958)

P. dissimilis okinawanus Nomura, 1962

P. dissimilis okinoerabuensis Ichikawa et Fujita, 1985

P. dissimilis kumejimaensis Ichikawa et Fujita, 1985

P. dissimilis hayashii Fujita, 2009

근연종

P. inclinatus (Motschulsky, 1857)

P. rosopocoilus hachijoensis Nomura, 1960

P. pseudodissimilis Y. Kurosawa, 1976

P. motschulskii (Waterhouse, 1869)

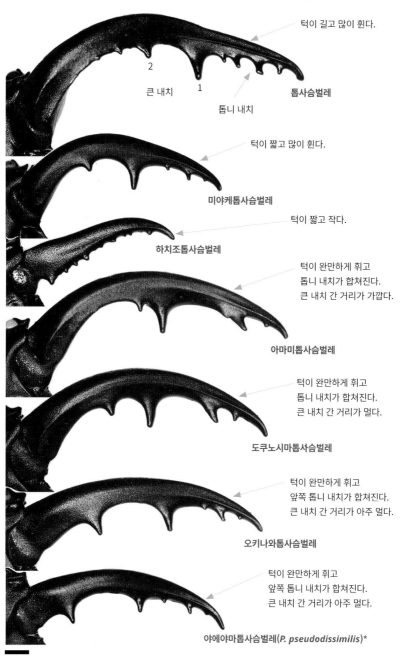

턱이 길고 많이 휜다.

2

큰 내치

1

톱니 내치

톱사슴벌레

턱이 짧고 많이 휜다.

미야케톱사슴벌레

턱이 짧고 작다.

하치조톱사슴벌레

턱이 완만하게 휘고
톱니 내치가 합쳐진다.
큰 내치 간 거리가 가깝다.

아마미톱사슴벌레

턱이 완만하게 휘고
톱니 내치가 합쳐진다.
큰 내치 간 거리가 멀다.

도쿠노시마톱사슴벌레

턱이 완만하게 휘고
앞쪽 톱니 내치가 합쳐진다.
큰 내치 간 거리가 아주 멀다.

오키나와톱사슴벌레

턱이 완만하게 휘고
앞쪽 톱니 내치가 합쳐진다.
큰 내치 간 거리가 아주 멀다.

야에야마톱사슴벌레(_P. pseudodissimilis_)*

2mm

톱사슴벌레아속(subgenus _Psalidoremus_) 큰턱 비교

* 본문 미수록종

머리방패가 주걱 모양이고 기부에 돌기가 있다.

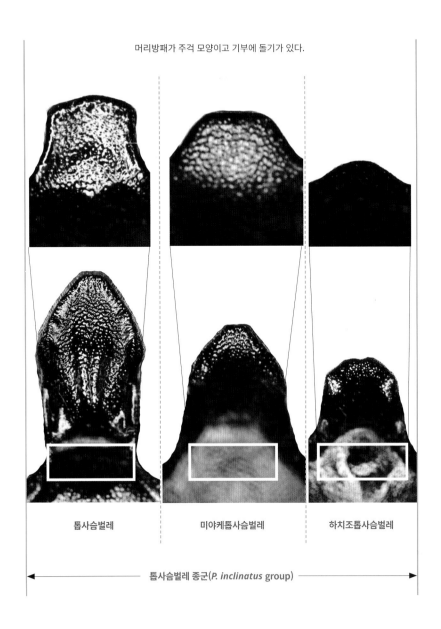

톱사슴벌레

미야케톱사슴벌레

하치조톱사슴벌레

톱사슴벌레 종군(*P. inclinatus* group)

톱사슴벌레아속(subgenus *Psalidoremus*) 3종군 머리방패 비교

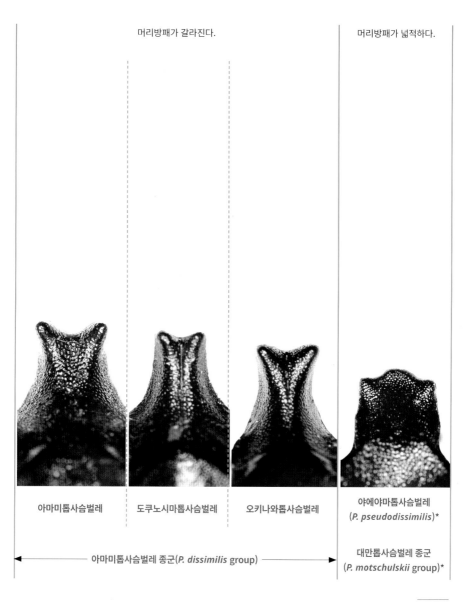

머리방패가 갈라진다.

머리방패가 넓적하다.

아마미톱사슴벌레

도쿠노시마톱사슴벌레

오키나와톱사슴벌레

야에야마톱사슴벌레
(*P. pseudodissimilis*)*

◄─────── 아마미톱사슴벌레 종군(*P. dissimilis* group) ───────►

대만톱사슴벌레 종군
(*P. motschulskii* group)*

* 본문 미수록종

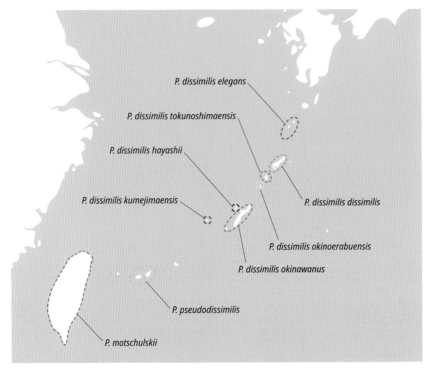

아마미톱사슴벌레 종군(*P. dissimilis* group)과 대만톱사슴벌레 종군(*P. motschulskii* group)* 분포

---

* 본문 미수록종

두점박이사슴벌레

Prosopocoilus astacoides blanchardi (Parry, 1873)

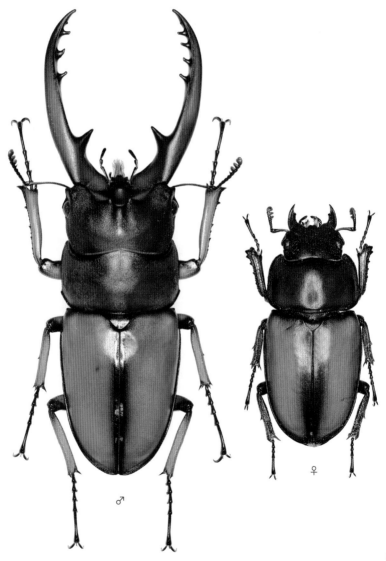

♂

♀

형태 및 생태

몸길이는 수컷 25~68mm, 암컷 25~36mm다. 머리 앞가장자리 양쪽에 앞으로 향하는 큰 돌기가 2개 있으나 몸집이 작은 개체에서는 흔적만 있다. 몸집이 큰 수컷의 큰턱은 길고 안쪽으로 살짝 굽었으며, 끝부분에 긴 내치 4~6개가 옆을 향해 난다. 이 내치들은 때때로 합쳐진다. 작은 개체는 큰턱이 톱 모양이다. 기부 근처에는 내치 2개가 합쳐진 주내치가 있으며, 주내치는 살짝 갈라지기도 한다. 머리방패는 아래가 잘린 별 모양에 가깝다. 앞가슴등판 양쪽에 검은색 점이 있으나 없는 개체도 있다. 딱지날개는 얇고 광택이 거의 없다. 암컷은 몸 색깔이 연한 누런색에서 적황색이며 살아 있을 때는 조금 더 밝고 죽으면 어두워진다. 톱사슴벌레와 생김새가 비슷하나 조금 더 광택이 있고 앞가슴등판이 더 둥그스름하며 앞가슴등판 양쪽에 검은 점이 있다.

톱사슴벌레와 생활사가 거의 같다. 참나무, 예덕나무 등에서 수액을 빨며, Jang (2016) 등의 의견 및 직접 관찰한 정보를 고려하면 이 종은 주행성이 강한 것으로 판단된다.

분포

국내: 제주도, 전북 정읍 내장산에 2개체 기록이 있으나 표본을 확인하지 못했다.
국외: 중국(쓰촨성~내몽고 자치주, 베이징), 대만

국내 분포

아종

P. astacoides astacoides (Hope, 1840)

P. astacoides pallidipennis (Hope, 1841)

P. astacoides castaneus (Hope, 1845)

P. astacoides fraternus (Hope, 1845)

P. astacoides dubernardi (Planet, 1899)

P. astacoides kachinensis Bomans et Miyashita, 1997

P. astacoides karubei Nagai, 2000

P. astacoides mizunumai Fujita, 2010

근연종

P. reni Huang & Chen, 2011

P. ijengensis Fujita, 2010

참고

환경부 지정 멸종위기야생동물 Ⅱ급이다. 이 책에 실은 증식 개체 사진은 낙동강유역환경청 인공 증식 허가(증명번호 제2016-1호)를 얻어 나비마을에서 인공 증식한 개체를 촬영한 것이다.

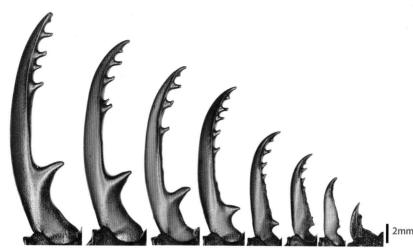

2mm

두점박이사슴벌레 큰턱 변이

수컷. 2017.7.14. 제주 서귀포

알. 증식

유충. 증식

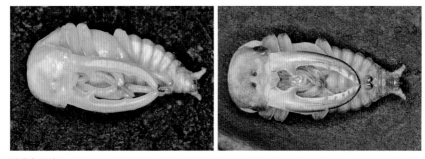

번데기. 증식

탈피. 증식

수컷. 증식

암컷. 증식

암수. 증식

히말라야두점박이사슴벌레

Prosopocoilus astacoides castaneus (Hope, 1845)

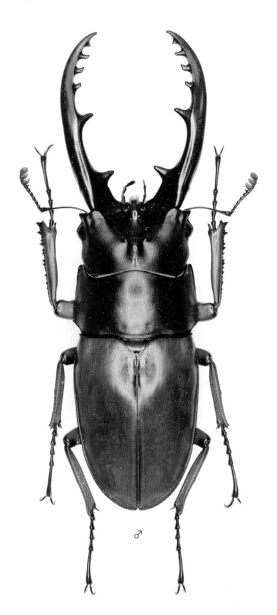

형태 및 생태

몸길이는 수컷 30~62mm, 암컷 23~30mm다. 수컷 큰턱은 앞으로 길게 뻗어 활처럼 약간 휘고 큰턱 가운데에서 조금 앞쪽과 기부 가까이에 큰 내치가 1개씩 있으며 끝부분 가까이에는 작은 내치 3~4개가 줄지어 있다. 수컷 머리 가운데에는 양쪽으로 갈라져 앞쪽으로 뻗은 돌기가 1쌍 있고 그 앞부분은 크게 파여 있다. 머리와 앞가슴등판은 적갈색이고, 딱지날개는 밝은 갈색에 광택이 강하다.

분포

인도 북동부(시킴, 웨스트벵갈 북부 접경), 네팔, 부탄

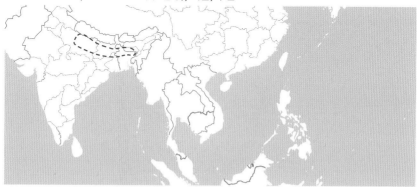

아종

P. astacoides astacoides (Hope, 1840)

P. astacoides pallidipennis (Hope, 1841)

P. astacoides castaneus (Hope, 1845)

P. astacoides fraternus (Hope, 1845)

P. astacoides blanchardi (Parry, 1873)

P. astacoides dubernardi (Planet, 1899)

P. astacoides kachinensis Bomans et Miyashita, 1997

P. astacoides karubei Nagai, 2000

P. astacoides mizunumai Fujita, 2010

근연종

P. impressus (Waterhous, 1869)

P. reni Huang & Chen, 2011

P. ijengensis Fujita, 2010

카친두점박이사슴벌레

Prosopocoilus astacoides kachinensis Bomans & Miyasita, 1997

형태 및 생태

몸길이는 수컷 35~65mm, 암컷 25~33mm다. 수컷 큰턱은 앞으로 길게 뻗어 활처럼 조금 휘고, 큰턱 기부 가까이에 큰 내치가 2개 있으며, 끝부분 가까이에는 작은 내치 3~4개가 줄지어 있다. 수컷 머리 가운데에는 양쪽으로 갈라져 앞쪽으로 뻗은 돌기가 1쌍 있고 그 앞부분은 크게 파여 있다. 머리와 앞가슴등판은 적갈색이고, 딱지날개는 밝은 갈색에 광택이 강하다.

분포

인도(북동부), 미얀마 북부(카친), 중국(윈난성, 티베트 자치구)

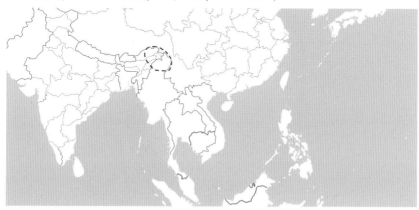

아종

P. astacoides astacoides (Hope, 1840)

P. astacoides pallidipennis (Hope, 1841)

P. astacoides castaneus (Hope, 1845)

P. astacoides fraternus (Hope, 1845)

P. astacoides blanchardi (Parry, 1873)

P. astacoides dubernardi (Planet, 1899)

P. astacoides kachinensis Bomans et Miyashita, 1997

P. astacoides karubei Nagai, 2000

P. astacoides mizunumai Fujita, 2010

근연종

P. impressus (Waterhous, 1869)

P. reni Huang & Chen, 2011

P. ijengensis Fujita, 2010

자바두점박이사슴벌레

Prosopocoilus astacoides pallidipennis (Hope, 1841)

♂

형태 및 생태

몸길이는 수컷 28~72mm, 암컷 26~31mm다. 수컷 큰턱은 앞으로 길게 뻗어 큰턱 기부에서 많이 휘고 가운데는 다소 곧다. 큰턱 가운데에서 약간 위에 주내치 1개가 옆을 보고 있다. 끝 쪽에는 작은 내치 3~4개가 줄지어 있다. 수컷 머리 가운데에는 양쪽으로 갈라져 앞쪽으로 뻗은 돌기가 1쌍 있고 그 앞부분은 약간 파여 있다. 머리와 앞가슴등판은 적갈색이고 딱지날개는 밝은 갈색이며 광택이 약하다.

분포

인도네시아(수마트라섬, 자바섬 서부)

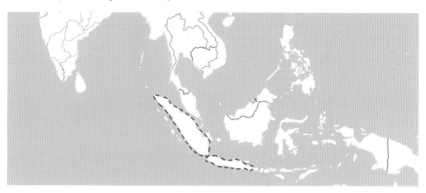

아종

P. astacoides astacoides (Hope, 1840)

P. astacoides pallidipennis (Hope, 1841)

P. astacoides castaneus (Hope, 1845)

P. astacoides fraternus (Hope, 1845)

P. astacoides blanchardi (Parry, 1873)

P. astacoides dubernardi (Planet, 1899)

P. astacoides kachinensis Bomans et Miyashita, 1997

P. astacoides karubei Nagai, 2000

P. astacoides mizunumai Fujita, 2010

근연종

P. impressus (Waterhous, 1869)

P. reni Huang & Chen, 2011

P. ijengensis Fujita, 2010

50

대륙두점박이사슴벌레

Prosopocoilus astacoides fraternus (Hope, 1845)

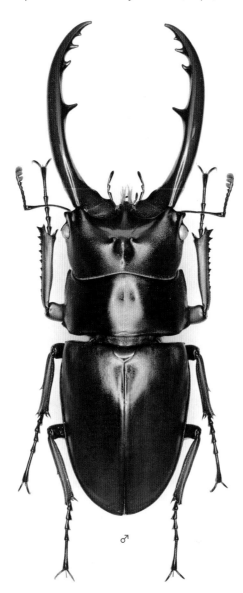

♂

형태 및 생태

몸길이는 수컷 28~67mm, 암컷 23~28mm다. 수컷 큰턱은 가늘며 앞으로 길게 뻗어 활처럼 약간 휜다. 큰턱 가운데에서 약간 위에 큰 내치가 1개 있으며 끝부분에는 작은 내치 3~4개가 줄지어 있다. 수컷 머리 가운데에는 양쪽으로 갈라져 앞쪽으로 뻗은 돌기가 1쌍 있고 그 앞부분은 크게 파여 있다. 머리와 앞가슴등판은 적갈색이고 딱지날개는 밝은 갈색에 광택이 강하다.

분포

미얀마, 태국, 라오스(북부), 베트남(북부), 중국(윈난성, 광시성)

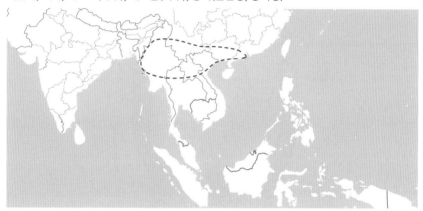

아종

P. astacoides astacoides (Hope, 1840)

P. astacoides pallidipennis (Hope, 1841)

P. astacoides castaneus (Hope, 1845)

P. astacoides fraternus (Hope, 1845)

P. astacoides blanchardi (Parry, 1873)

P. astacoides dubernardi (Planet, 1899)

P. astacoides kachinensis Bomans et Miyashita, 1997

P. astacoides karubei Nagai, 2000

P. astacoides mizunumai Fujita, 2010

근연종

P. impressus (Waterhous, 1869)

P. reni Huang & Chen, 2011

P. ijengensis Fujita, 2010

중국두점박이사슴벌레

Prosopocoilus astacoides dubernardi (Planet, 1899)

형태 및 생태

몸길이는 수컷 32~62mm, 암컷 25~27mm다. 수컷 큰턱은 앞으로 길게 뻗어 활처럼 약간 휜다. 큰턱 가운데에 큰 내치가 1개 있으며 끝부분 가까이에는 작은 내치 2~4개가 줄지어 있다. 수컷 머리 가운데에는 양쪽으로 갈라져 앞쪽으로 뻗은 돌기가 1쌍 있고 그 앞부분은 약간 파여 있다. 머리와 앞가슴등판, 딱지날개는 어두운 붉은색이며 딱지날개는 광택이 조금 약하다. 산지 활엽수의 발효된 수액에 모이며 불빛에도 모여든다.

분포

중국(윈난성, 쓰촨성, 구이저우성, 광시성)

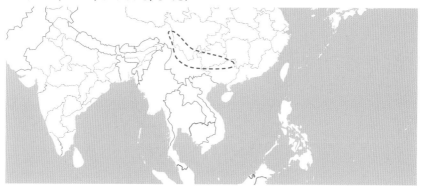

아종

P. astacoides astacoides (Hope, 1840)

P. astacoides pallidipennis (Hope, 1841)

P. astacoides castaneus (Hope, 1845)

P. astacoides fraternus (Hope, 1845)

P. astacoides blanchardi (Parry, 1873)

P. astacoides dubernardi (Planet, 1899)

P. astacoides kachinensis Bomans et Miyashita, 1997

P. astacoides karubei Nagai, 2000

P. astacoides mizunumai Fujita, 2010

근연종

P. impressus (Waterhous, 1869)

P. reni Huang & Chen, 2011

P. ijengensis Fujita, 2010

말레이두점박이사슴벌레

Prosopocoilus astacoides mizunumai Fujita, 2010

형태 및 생태

몸길이는 수컷 32~91mm, 암컷 25~33mm다. 수컷 큰턱은 앞으로 길게 뻗어 활처럼 휜다. 큰턱 가운데에 큰 내치가 1개 있으며 끝부분 가까이에는 작은 내치 2~4개가 줄지어 있다. 수컷 머리 가운데에는 양쪽으로 갈라져 앞쪽으로 뻗은 돌기가 1쌍 있고 그 앞부분은 약간 파여 있다. 머리와 앞가슴등판은 적갈색이며 딱지날개는 밝은 갈색에 광택이 약하다. 산지 활엽수의 발효된 수액에 모이며 불빛에도 모여든다.

분포

말레이시아(말레이반도), 태국(남부)

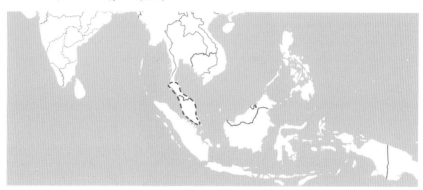

아종

P. astacoides astacoides (Hope, 1840)

P. astacoides pallidipennis (Hope, 1841)

P. astacoides castaneus (Hope, 1845)

P. astacoides fraternus (Hope, 1845)

P. astacoides blanchardi (Parry, 1873)

P. astacoides dubernardi (Planet, 1899)

P. astacoides kachinensis Bomans et Miyashita, 1997

P. astacoides karubei Nagai, 2000

P. astacoides mizunumai Fujita, 2010

근연종

P. impressus (Waterhous, 1869)

P. reni Huang & Chen, 2011

P. ijengensis Fujita, 2010

월남두점박이사슴벌레

Prosopocoilus astacoides karubei Nagai, 2000

♂

형태 및 생태

몸길이는 수컷 32~68mm, 암컷 25~34mm다. 수컷 큰턱은 기부에서 안쪽으로 꺾인 뒤 앞으로 길게 뻗어 활처럼 휜다. 큰턱 가운데에서 끝부분 사이에 큰 내치가 1개 있으며 끝부분 가까이에는 작은 내치 2~4개가 줄지어 있다. 수컷 머리 가운데에는 양쪽으로 갈라져 앞쪽으로 뻗은 돌기가 1쌍 있고 그 앞부분은 약간 파인다. 머리와 앞가슴등판은 적갈색이고, 딱지날개는 밝은 누런색에 광택이 강하다. 산지 활엽수의 발효된 수액에 모이며 불빛에도 날아온다.

분포

베트남(중남부~남부)

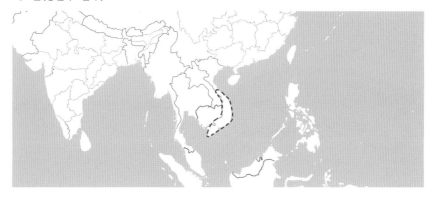

아종

P. astacoides astacoides (Hope, 1840)

P. astacoides pallidipennis (Hope, 1841)

P. astacoides castaneus (Hope, 1845)

P. astacoides fraternus (Hope, 1845)

P. astacoides blanchardi (Parry, 1873)

P. astacoides dubernardi (Planet, 1899)

P. astacoides kachinensis Bomans et Miyashita, 1997

P. astacoides karubei Nagai, 2000

P. astacoides mizunumai Fujita, 2010

근연종

P. impressus (Waterhous, 1869)

P. reni Huang & Chen, 2011

P. ijengensis Fujita, 2010

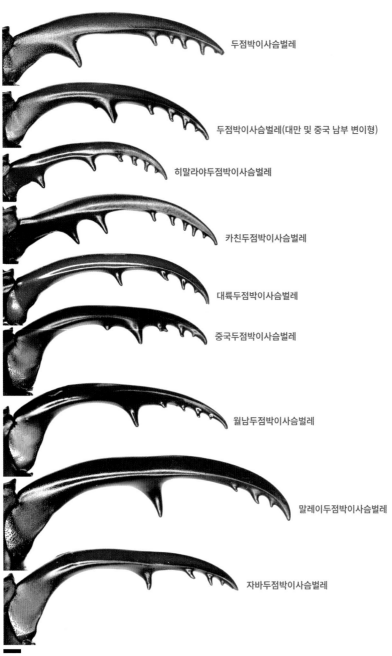

두점박이사슴벌레

두점박이사슴벌레(대만 및 중국 남부 변이형)

히말라야두점박이사슴벌레

카친두점박이사슴벌레

대륙두점박이사슴벌레

중국두점박이사슴벌레

월남두점박이사슴벌레

말레이두점박이사슴벌레

자바두점박이사슴벌레

2mm

두점박이사슴벌레 아종 큰턱 비교

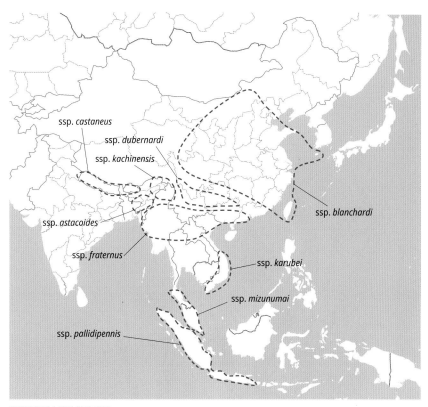

ssp. *castaneus*

ssp. *dubernardi*

ssp. *kachinensis*

ssp. *astacoides*

ssp. *fraternus*

ssp. *blanchardi*

ssp. *karubei*

ssp. *mizunumai*

ssp. *pallidipennis*

두점박이사슴벌레 아종 분포

사슴벌레

Lucanus dybowski dybowski Parry, 1873

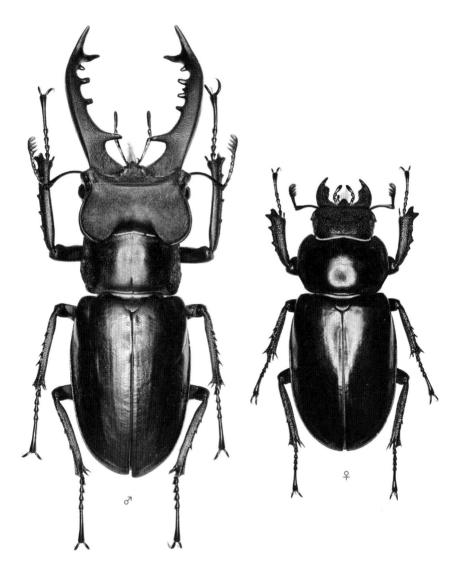

형태 및 생태

수컷은 몸길이 33~72mm다. 몸 색깔은 검은색에서 고동색까지 변이가 있다. 몸에는 옅은 금색 강모가 있으며 활동 정도에 따라 빠지고, 빠진 부분은 광택이 돈다. 머리는 크고 머리 앞부분은 돌기 없이 능선처럼 솟았으며, 머리 뒷부분에 귀 모양으로 눌린 넓은 돌기가 있다. 큰턱 끝부분에서 외치와 내치가 Y자로 갈라지고, 큰턱 기부에 큰 주내치가 있으며 끝부분과 주내치 사이에 생김새가 불규칙한 내치가 드문드문 있다. 가슴은 직사각형 또는 육각형이며 앞가슴등판 옆쪽 가운데에서 살짝 넓어진다. 딱지날개는 길고 둥글다. 다리는 길고 종아리마디 바깥쪽에 돌기가 4~5개 있다. 넓적다리마디 위쪽에 진한 누런색 무늬가 있다. 암컷은 몸길이 28~45mm며, 몸이 크고 탄탄하다. 몸 색깔은 검은색에서 적갈색이고 날개돋이 직후에는 옅은 금색 털로 덮이나, 시간이 지나면 털이 빠지고 광택이 돈다. 큰턱이 넓고 아래에서 보면 넓적다리마디에 진한 누런색 무늬가 있다.

우리나라에서는 주로 고산지에서 보이나 중북부 이상 지역에서는 어느 정도 높은 산이면 나타난다. 저온성으로 온도가 높으면 쉽게 죽는다. 암컷은 썩은 참나무류 뿌리 부근 부엽토에 알을 낳고 깨어난 유충은 썩은 뿌리와 부엽토를 먹고 자라며 흙 속에 번데기방을 짓는다. 수액이 나오는 곳이나 나뭇가지에 매달려 있으며 불빛에 날아온다.

분포

국내: 내륙 고산지. 울릉도, 남해안 섬의 기록은 없다. 제주도에서는 일부 표본 기록이 있으나 최근에는 기록 및 관찰 정보가 없다.

국외: 중국 중부와 동북부, 러시아 동부

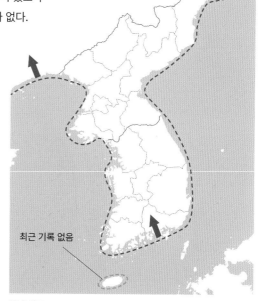

최근 기록 없음

국내 분포

아종

L. dybowski dybowski Parry, 1873

L. dybowski taiwanus Miwa, 1936

L. dybowski lhasaensis Schenk, 2006

근연종

L. maculifemoratus Motschulsky, 1861

L. boileaui Planet, 1897

L. ludivinae Boucher, 1998

L. bidentis Schenk, 2013

L. kanoi Kurosawa, 1966

L. kurosawai Sakaino, 1995

L. fanjingshanus Huang & Chen, 2010

참고

최초 기재 당시 별개 종으로 발표되었고 한동안 일본의 깊은산사슴벌레(*L. maculifemoratus* Motschulsky, 1861) 아종으로 취급되다가 Huang & Chen (2010)이 *L. dybowski* Parry, 1873 생식기 및 외부 형질 검토를 통해 종으로 승격했다. 더불어 종소명 dybowski가 여러 문헌에서 dybowskyi 또는 dybowskii로 쓰여 왔으나 이는 국제동물명명규약 제4판 33조 4항에 따라 무효이므로 원기재를 따라 dybowski를 사용한다(Huang & Chen, 2010).

2mm

사슴벌레 큰턱 변이

수컷. 2019.7.4. 충북 단양

채집 불빛에 날아온 수컷. 2019.6.27. 충북 보은

암컷. 2019.7.3. 전북 정읍

유충. 사육.

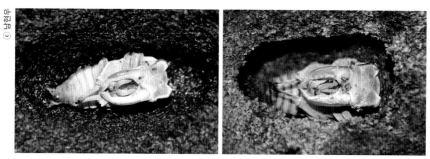

번데기. 사육.

대만사슴벌레

Lucanus dybowskyi taiwanus Miwa,1936

형태 및 생태

수컷 몸길이는 38~88mm다. 원명아종과 생김새가 비슷하나 몸집과 큰턱 끝부분에 Y자로 갈라진 부분이 더 크다. 큰턱 가운데 작은 내치들은 대부분 고르고 기부 쪽 최대 내치는 원명아종에 비해 작다. 암컷 몸길이는 26~51mm며, 앞가슴등판 앞모서리가 다른 아종에 비해 둥글다.

분포

대만

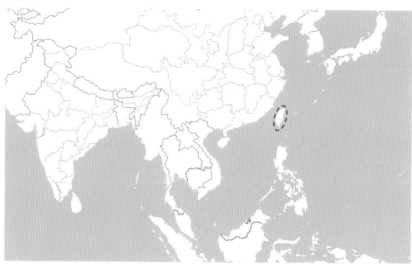

아종

L. dybowski dybowskyi Parry, 1873

L. dybowski lhasaensis Schenk, 2006

근연종

L. maculifemoratus Motschulsky, 1861

L. boileaui Planet, 1897

L. ludivinae Boucher, 1998

L. bidentis Schenk, 2013

L. kanoi Kurosawa, 1966

L. kurosawai Sakaino, 1995

L. fanjingshanus Huang & Chen, 2010

깊은산사슴벌레

Lucanus maculifemoratus maculifemoratus Motschulsky, 1861

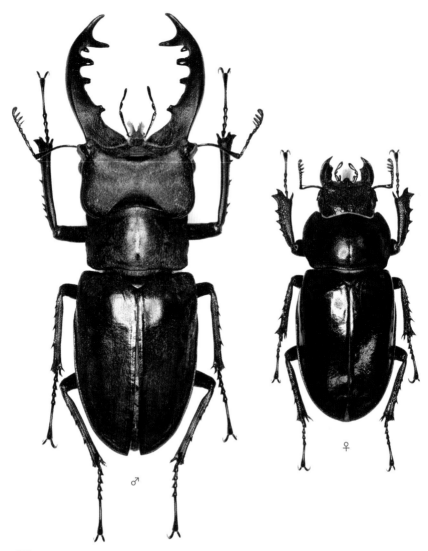

♂

♀

형태 및 생태

몸길이는 수컷 30~78mm, 암컷 25~47mm다. 사슴벌레에 비해 큰턱과 큰턱 가운데 내치가 굵다. 기부 내치는 작은 형태, 중간 형태, 큰 형태가 있으며 앞에서부터 에조형, 기본형, 후지형으로 불린다. 머리 이마에 위를 향한 큰 돌기가 있다. 넓적다리마디에는 노란 무늬가 뚜렷하고 종아리마디는 흑갈색에서 주황색까지 다양하다. 암컷은 사슴벌레와 생김새가 비슷하나 앞가슴등판 앞모서리가 각지고 가장자리가 더 둥글다.

분포

러시아(쿠나시르섬), 일본(규슈, 시코쿠, 혼슈, 홋카이도)

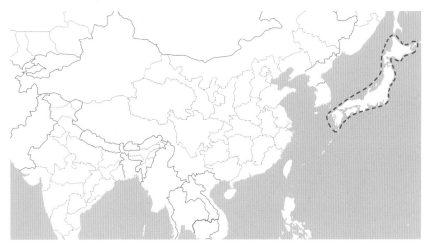

아종

L. maculifemoratus adachii Tsukawaki, 1995

근연종

L. dybowskyi Parry, 1873

L. boileaui Planet, 1897

L. ludivinae Boucher, 1998

L. bidentis Schenk, 2013

L. kanoi Kurosawa, 1966

L. kurosawai Sakaino, 1995

L. fanjingshanus Huang & Chen, 2010

보아로깊은산사슴벌레

Lucanus boileaui Planet, 1897

형태 및 생태

수컷 몸길이는 35~68mm며, 큰턱은 일본에 분포하는 깊은산사슴벌레에 비해 짧고 큰턱 바깥쪽이 더 완만하게 굽는다. 기부 내치는 끝부분에서 2개로 갈라지는 편이다. 넓적다리마디에는 노란 무늬가 뚜렷하고 종아리마디는 주황색인 편이다. 머리 이마에 있는 위를 향한 돌기가 작다. 암컷 몸길이는 30~38mm며, 사슴벌레와 생김새가 비슷하나 앞가슴등판 뒷모서리가 안쪽으로 비스듬히 말린다. 아종은 없다.

분포

중국(쓰촨성, 후베이성, 산시성, 윈난성, 티베트 자치구)

근연종

L. dybowskyi Parry, 1873

L. boileaui Planet, 1897

L. ludivinae Boucher, 1998

L. bidentis Schenk, 2013

L. kanoi Kurosawa, 1966

L. kurosawai Sakaino, 1995

L. fanjingshanus Huang & Chen, 2010

사슴벌레

대만사슴벌레

깊은산사슴벌레

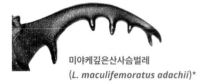

미야케깊은산사슴벌레
(*L. maculifemoratus adachii*)*

2mm

보아로깊은산사슴벌레

깊은산사슴벌레 종군 큰턱 비교

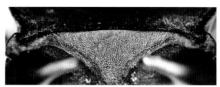

사슴벌레

대만사슴벌레

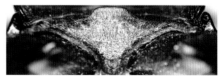

깊은산사슴벌레

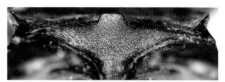

미야케깊은산사슴벌레(*L. maculifemoratus adachii*)*

보아로깊은산사슴벌레

깊은산사슴벌레 종군 머리방패 비교

* 본문 미수록종

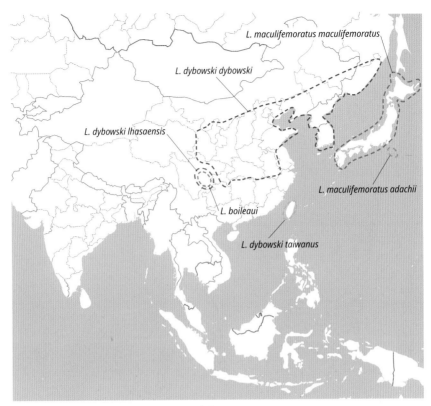

깊은산사슴벌레 종군(*L. maculifemoratus* group) 분포

다우리아사슴벌레

Prismognathus dauricus (Motschulsky, 1860)

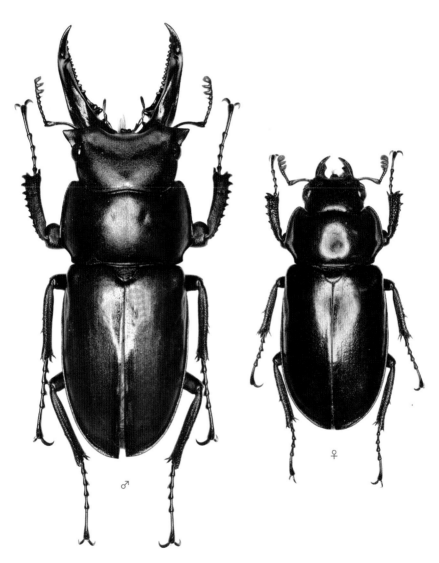

형태 및 생태

몸길이는 수컷 20~40mm, 암컷 14~28mm다. 수컷 몸 색깔은 대부분 밝은 적갈색이며 드물게 검은색인 개체도 있고, 몸 주변부에 옅은 금색 광택이 돈다. 머리 앞쪽에 삼각형으로 뾰족한 돌기가 있다. 큰턱 안쪽에 톱날 같은 작은 내치가 있고 끝부분에는 위를 향한 내치가 1개 있다. 큰턱 기부에는 큰턱 안쪽의 작은 내치들과 약간 간격을 두고 이빨이 여러 개 달린 주내치가 있다. 암컷은 광택이 강하고 앞가슴등판이 둥글다.

내륙에서는 주로 기온이 낮은 높은 산지에 분포하나 깊은 숲이나 선선한 곳이라면 낮은 산지에도 많다. 제주도에서는 평지 잡목림에서도 흔하게 보인다. 여름 중반부터 늦여름까지 지역마다 조금씩 차이를 보이며 나타나지만 장기간 활동하지는 않는다. 원표보라사슴벌레와 같이 보이기도 한다. 여름에 날개돋이한 성충이 활동하며 알을 낳고, 유충으로 동면해 이듬해 성충이 된다. 산지에 있는 아주 가느다란 나뭇가지부터 썩은 활엽수까지 까다롭게 장소를 따지지 않고 알을 낳는다. 아종은 없다.

분포

국내: 한반도 전역, 제주도

국외: 러시아(아무르 지방), 중국
(내몽골 자치주, 랴오닝성, 헤
이룽장성, 지린성), 일본(쓰
시마섬)

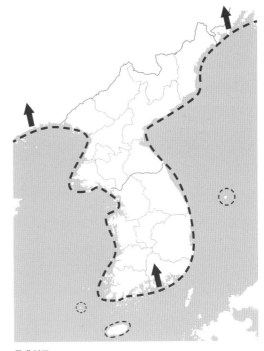

국내 분포

근연종

P. angularis Waterhouse, 1874

P. davidis Deyrolle, 1878

P. cheni Bomans et Ratti, 1973

P. alessandrae Bartolozzi, 2003

다우리아사슴벌레 큰턱 변이

월동 유충. 2019.3.27. 경기 동두천

알. 사육 1세대

유충. 사육 1세대

번데기. 사육

미운사슴벌레

Prismognathus angularis angularis Waterhouse, 1874

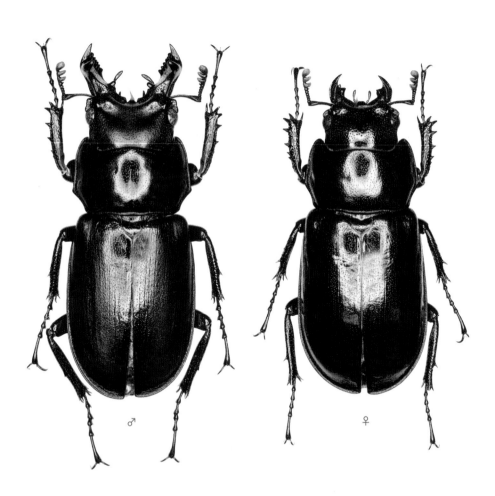

형태 및 생태

몸길이는 수컷 17~26mm, 암컷 15~23mm며, 수컷 큰턱은 끝부분이 비스듬히 앞을 향한다. 다우리아사슴벌레에 비해 머리 앞모서리 돌기가 작고 옆으로 꺾이지 않으며, 앞가슴등판 뒷모서리가 조금 움푹하다.

분포

러시아(쿠나시르섬), 일본(규슈 동북부, 시코쿠, 혼슈, 홋카이도)

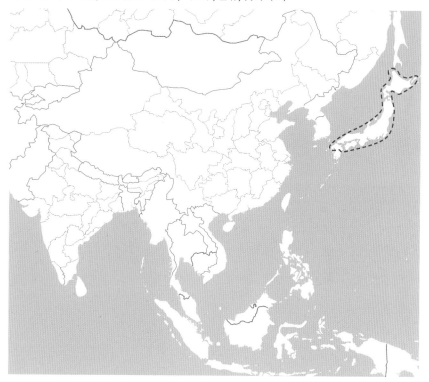

아종

P. angularis morimotoi Kurosawa, 1975

근연종

P. tokui Y. Kurosawa, 1975
P. piluensis Sakaino, 1992

규슈미운사슴벌레

Prismognathus angularis morimotoi Kurosawa, 1975

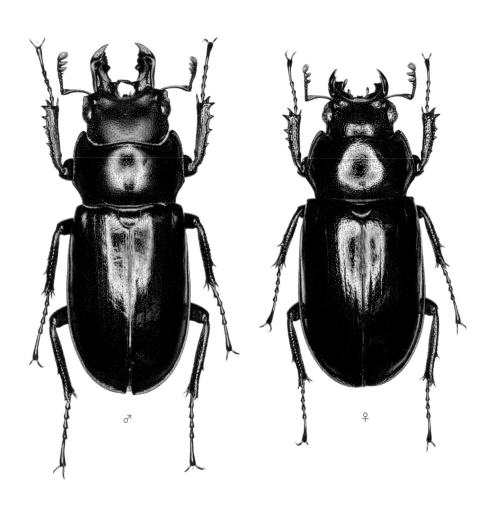

♂ ♀

형태 및 생태

몸길이는 수컷 15~26mm, 암컷 15~23mm다. 원명아종과 생김새가 거의 비슷하나 큰턱 끝부분 내치가 안쪽을 향하며, 앞가슴등판 뒷모서리가 덜 움푹하다.

분포

일본(규슈 남부)

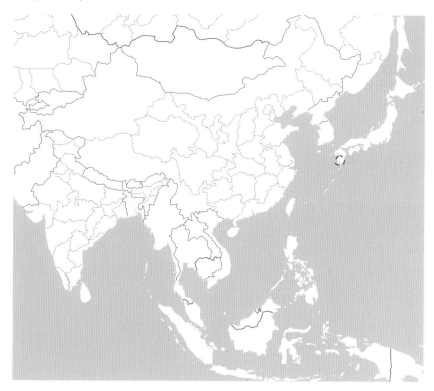

아종

P. angularis angularis Waterhouse, 1874

근연종

P. tokui Y. Kurosawa, 1975
P. piluensis Sakaino, 1992

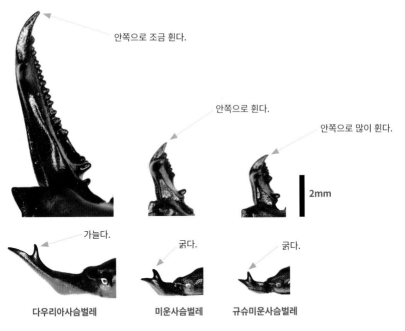

안쪽으로 조금 휜다.

안쪽으로 휜다.

안쪽으로 많이 휜다.

2mm

가늘다.

굵다.

굵다.

다우리아사슴벌레

미운사슴벌레

규슈미운사슴벌레

산사슴벌레속 큰턱 비교

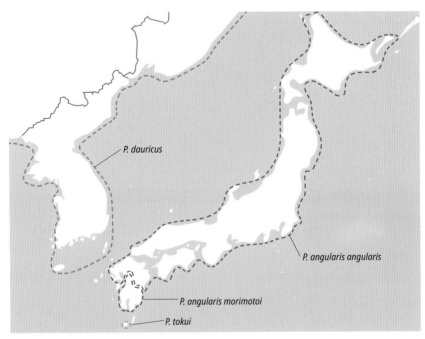

P. dauricus

P. angularis angularis

P. angularis morimotoi

P. tokui

다우리아사슴벌레와 미운사슴벌레 아종 및 근연종 분포

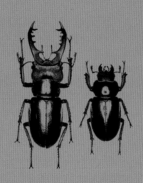

- Adachi, N. (2009) Description of a new subspecies of *Prosopocoilus inclinatus* from the Izu Islands. *Gekkan Mushi 463*: pp. 34-37.
- Adachi, N. (2014) A new subspecies of *Prosopocoilus inclinatus* (Motschulsky, 1857) from the Yakushima Island, Japan. *Kogane 15*: pp. 1-6.
- Albers, G. (1886) Ein neuer Lucanide, *Eurytrachelus consentaneus* von Peking und *Odontolabis inaequalis* Kaup. Deutsche *Entomologische Zeitschrift, 30*: pp. 27-28.
- An, S. L. (1999) Insect fauna of the Dadohae Haesang National Park in Korea. *The Report of the National Science Museum 26*: pp. 27-65.
- Arrow, G. J. (1938) Entomological Results from the swedish Expedition 1934 to Burma and British India. *Arkiv för Zoologi*. Stockholm 30B 14: pp. 1-4.
- Asai, A. (2001) A new subspecies of *Aegus laevicollis* from Gaja-jima I. of the Tokara Isls., Northern Ryukyus, Japan. *Gekkan-Mushi 362*: pp. 23-25.
- Baba, M. (1999) A new subspecies of *Dorcus titanus* (Boisduval, 1835) from Goto Is., Nagasaki, Japan. *Gekkan-Mushi 340*: pp. 19-23.
- Baba, M. (2012) A revisional synopsis on *Dorcus parryi* Thomson with description of a new subspecies from southeastern Thailand. *Gekkan-Mushi 492*: pp. 31-34.
- Benesh, B. (1950A) Descriptions of new species of stag beetles from Formosa and the Philippines. *The Pan-Pacific Entomologist 26*(1): pp. 11-18.
- Benesh, B. (1950B) Descriptions of new species of stag beetles from Formosa and the Philippines. *The Pan-Pacific Entomologist 26*(2): pp. 49-57.
- Boileau, H. (1898) Description d'un Lucanide nouveau des iles Liou-Kiou. *Bulletin de la Société entomologique de France 47*: pp. 95-98.
- Boileau, H. (1899) Descriptions sommaires d'Aegus nouveaux. *Bulletin de la Société entomologique de France 48*: pp. 319-322.
- Boileau, H. (1905) Description de Coléoptères nouveaux. *Le Naturaliste 27*: pp. 60-61.
- Boileau, H. (1911) Description d'un Lucanide nouveau. *Bulletin de la Société entomologique de France 1911*: pp. 63-65.
- Boisduval, J. B. (1835) Voyage de découvertes de l'Astrolabe. Exécuté par ordre du Roi, pendant les années 1826, 1827, 1829, sous le commandement de M.J.Dumont d'Urville. Faune Entomologique de l'Océan Pacifique, avec l'illustration des insectes nouveaux receuillis pendant le voyage. 2me partie. *Coléoptères et autres Ordres Volume 2*. Tatsu. Paris 2: pp. 1-716.
- Bomans, H.E. and Miyashita, T. (1997) Description de trois nouvelles espèces de Lucanidae du nord Birmanie. *Besoiro 4*: pp. 2-3.
- Bomans, H.E. (1986) Description d'une nouvelle espèce de Lucanide du Sud-Est asiatique (54e contribution a l'étude des Coléoptères Lucanidae). *Nouvelle Revue d'Entomologie (Nouvelle Série) 3*(3): p. 385.
- Bomans, H.E. (1989) 51e contribution à l'etude des Coleopteres Lucanides. Nouvelles notes sur le genre *Figulus* MacLeay et descriptions d'espèces nouvelles. *Bulletin de la Sociètè Sciences Naturelle, 63*: 13-19.
- Browne, J. and Scholz C. H. (1999) A phylogeny of the families of Scarabaeoidea. *Systematic Entomology 24*: pp. 51-84.

- Cho, F. S. (1931) A list of Lucanidae from Korea. *Journal of Chosen Natural History Society*, (12): pp. 56-60, pl. 3.
- Choi, W. (2016) Taxonomic notes of the Genus *Dorcus* of Asia Part I *Dorcus curvidens* Group. *Insect Korea 4*: pp. 24-45.
- Didier R. and Séguy, E. (1953) Catalogue illustré des Lucanides du Globe. Texte. *Encyclopédie Entomologique Serie A 27*: pp. 1-223.
- Didier, R. (1926A) Description d'un Aegus nouveau. *Bulletin de la Société entomologique de France 1926*: pp. 18-21.
- Didier, R. (1926B) Descriptions de Lucanides nouveaux. *Bulletin de la Société entomologique de France 1926*: pp. 83-86.
- Didier, R. (1926C) Description d'un Aegus nouveau. *Bulletin de la Société entomologique de France 1926*: pp. 138-141.
- Didier, R. (1926D) Description sommaire de Lucanides nouveaux. *Bulletin de la Société entomologique de France 1926*: pp. 146-148.
- Didier, R. (1926E) Description d'une espèce nouvelle de Lucanides. *Bulletin de la Société entomologique de France 1926*: pp. 178-180.
- Didier, R. (1928A) Description d'un Lucanide nouveau de la Faune indo-chinoise. *Bulletin de la Société entomologique de France 1928*: pp. 51-53.
- Didier, R. (1928B) Descriptions sommaires d'Aegus nouveaux. *Bulletin de la Société entomologique de France 1928*: pp. 146-148.
- Fujita, H. (2009) A new subspecies of *Prosopocoilus dissimilis* (Boikeau, 1898) from Iheyajima Is. of the Okinawa Islands. *Gekkan-Mushi 463*: pp. 38-39.
- Fujita, H. (2010) *Encyclopedia of world Lucanidae*. Mushi-sha, Tokyo. pp. 472, pl. 1-248.
- Fujita, H. and Ichikawa, T. (1985) A revisional synopsis of the family Lucanidae from the Nansei and Izu Islands. *Gekkan-Mushi 170*: pp. 4-13.
- Fujita, H. and Ichikawa, T. (1986A) The genus *Figulus* Macleay in Japan, with description of a new species from the Daito Islands of the Ryukyus. *Gekkan-Mushi 184*: pp. 24-31.
- Fujita, H. and Ichikawa, T. (1986B) A new subspecies of *Serrognathus titanus* Boisduval from Daito Islands of the Ryukyus. *Gekkan-Mushi 189*: pp. 28-29.
- Fujita, H. and Ichikawa, T. (1987) A new subspecies of *Nipponodorcus montivagus* (Lewis) from Kyushu, Japan. *Gekkan-Mushi 193*: pp. 17-20.
- Fujita, H. and Okuda, N. (1989) A new subspecies of *Serrognathus titanus* Boisduval from Hachijo-jima of the Izu Islands, Japan. *Gekkan-Mushi 224*: pp. 24-26.
- Goka, K., Kojima, H. and Okabe, A. (2004) Biological invasion caused by commercialization of stag beetles in japan. *Global Environmental Research 8*(1): pp. 67-74.
- Han, T. M., Jeong, J. C., Kang, T. H., Lee, Y. B. and Park, H. C (2010) Phylogenetic Relationships of *Dorcus koreanus* Jang and Kawai, 2008: Species or Subspecies. *Zoological Science 27*: pp. 362-368.
- Heyden, L. (1887) Verzeichnis der von Otto Herz auf der chinesischen Halbinsel Korea gesammelten Coleopteren. *Horae Societatis entomologicae rossicae 21*. Moscov : pp. 243-273.
- Holloway, B. A. (2007) Lucanidae (Insecta: Coleoptera) *Fauna of New Zealand 61* pp. 1-254.
- Hope, F. W. (1831) Gray: Synopsis of the new species of Nepal Insects in the collection of Major General Hardwicke. *Zoological Miscellany 1*. London :pp. 21-32.
- Hope, F. W. (1835) Monograph on Mimela, a genus of Coleopterous Insects. *Transactions of the Entomological Society London 1*: pp. 108-117.
- Hope, F. W. (1840) Descriptions of some nondescript insects from Assam, collected by William Griffith. *Proceedings of the Linnean Society of London 1*(9): pp. 77-79.

- Hope, F. W. (1841) Descriptions of some nondescript Insects from Assam, chiefly collected by William Griffith, Esq., F.L.S., Assistant Surgeon in the Madras Medical Service. *Transactions of the Linnean Society of London 18*(4): pp. 587-600.
- Hope, F. W. (1845) Description of new species of exotic Coleoptera. *The Annals and Magazine of natural History, including Zoology, Botany and Geology 1*. London (16): pp. 208-209.
- Hori, S. (1991) A new subspecies of *Macrodorcus okinawanus* from the Ryukyu Islands. *Elytra 19*(1): pp. 75-76.
- Hosoya, T. and Araya, K. (2005) Phylogeny of Japanese stag beetles (Coleoptera: Lucanidae) Inferred from 16S mtrRNA gene sequences, with reference to the sexaul dimorphism of mandibles. *Zoological science 22*: 1305-1318.
- Huang, H. and Chen C. C. (2010) *Stag Beetles of China I*. Formosa Ecological Company, Taiwan: pp. 1-288.
- Huang, H. and Chen C. C. (2013) *Stag Beetles of China II*. Formosa Ecological Company, Taiwan: pp. 1-716.
- Huang, H. and Chen C. C. (2017) *Stag Beetles of China III*. Formosa Ecological Company, Taiwan: pp. 1-524.
- Ichikawa, T. and Imanishi, O. (1976) Some new subspecies of the *Aegus laevicollis* Saunders from Japan. *Elytra 3*(1/2): pp. 9-14.
- Imura, Y. (1993) On the genus *Platycerus* of China and Korea. discovery of a new subspecies of *Platycerus hongwonpyoi* from the Qinling Mountains in Shaanxi Province, Central China. *Gekkan-Mushi 272*, Mushi-sha, Tokyo : pp. 10-13.
- Imura, Y. (2005) Records of *Platycerus* from Henan Province, Central China. *Elytra 33*(2), Tokyo : pp. 497-500.
- Imura, Y. (2008) Five New Taxa of the Genus *Platycerus* from China. *Elytra 36*(1), Tokyo : pp. 109-128.
- Imura, Y. (2009) Discovery of the Genus *Platycerus* Coleoptera, Lucanidae) in Guizhou Province, South China. *Elytra 37*(1), Tokyo : pp. 77-81.
- Imura, Y. (2010) The genus *Platycerus* of East Asia. Roppon-Ashi Entomological books, Taita Publishers: pp. 1-240.
- Imura, Y. (2011) Two new taxa of the genus *Platycerus* from China. *Special Publication of the Japanese Society of Scarabaeoidology 1*, Tokyo : pp. 131-141.
- Imura, Y. and Bartolozzi L. (2006) A new subspecies of *Platycerus hongwonpyoi* from Nei Mongol Zizhiqu of North China. *Elytra 34*(1), Tokyo : pp. 135-137.
- Imura, Y. and Choe, K. R. (1989) A new species and its subspecies of the genus *Platycerus* from Korea (Coleoptera, Literature Cited 41 Lucanidae). *The Korean Journal of Entomology, 19*: 19-24.
- Imura, Y. and Wan X. (2006) Occurrence of *Platycerus hongwonpyoi* (Coleoptera, Lucanidae) on Mt. Tianmu Shan of Zhejiang Province, East China. *Elytra 34*(2), Tokyo : pp. 293-298.
- Inahara, N. (1958) Notes on the stag beetles belonging to the genus *Psalidoremus* with the description of one new species. *Entomologist's Monthly Magazine 94*: pp. 12-13.
- Jang, Y. C. (2015) Notes on the lucanid beetles(Coleoptera, Lucanidae) from jeju island. *Insect Korea 1*: pp. 49-57.
- Jang, Y. C. and Kawai, S. (2008) A new species of the *Dorcus velutinus* group (Coleoptera, Lucanidae) from Korea. *Kogane 9*: pp. 103-106.
- Kikuta, T. (1985) The name of Japanese stag beetle, *Serrognathus costatus* (Boileau). *Gekkan-Mushi 173*: p. 25.
- Kim, J. I. and Kim S. I. (2014) Insect fauna of Korea Volume 12, Number 15: Lucanidae and Passalidae, National Institute of Bioogical Resources, Ministry of Environment. pp. 1-64.
- Kim, J. I. and Kim, S. Y. (1998) Taxonomic review of Korean Lucanidae (Coleoptera: Scarabaeoidea). *The Korean Journal of Systematic Zoology 14*(1): pp. 21-33.

- Kim, S. I. and Farrell B. D. (2015) Phylogeny of world stag beetles (coleoptera: Lucanidae) reveals a Gondwanan origin of Darwin's stag beetle. *Molecular Phylogenetics and Evolution 86*: pp. 35-48.
- Kim, S. I. and Kim, J. I. (2010) Review of family Lucanidae (Insecta: Coleoptera) in Korea with the description of one new species. *Entomological Research, 40*(1): pp. 55-81.
- Koh, S. K. (2003) Rediscovery of *Nigidius miwai, Gekkan-mushi 390*. Mushi-sha, Tokyo: pp. 66-69.
- Krajcik, M. (2001) *Lucanidae of the World Catalogue Part I.*, printed by author, Plzen, Czech Republic: pp. 1-108.
- Krajcik, M. (2003) *Lucanidae of the World Catalogue Part II.*, printed by author, Plzen, Czech Republic: pp. 1-197.
- Kriesche, R. (1921) Ueber Eurytrachelus titanus Boisdu. und seine Rassen. *Archiv fur Naturgeschichte 86A*(8): pp. 114-119.
- Kriesche, R. (1922) Zur Kenntnis der Lucaniden. *Stettiner entomologische Zeitung. Stettin 83*: pp. 115-137.
- Kurosawa, Y. (1969) A revision of the genus *Platycerus* Geoffroy in Japan. *Bulletin of the National Science Museum 12*(3), Tokyo: pp. 475-484.
- Kurosawa, Y. (1975) New stag-beetles of the genus *Prismognathus* from southwestern Japan. *Memoirs of the National Science Museum, Tokyo 8*: pp. 155-160.
- Kurosawa, Y. (1976) Lucanidae. *Check-list of Coleoptera of Japan*. Coleopterists' Association of Japan: pp. 1-9.
- Lacroix, J. P. (1972) Descriptions de Coléoptères Lucanidae nouveaux ou peu connus. *Bulletin et annales de la Société royale d'Entomologie de Belgique 108*(1-4): pp. 33-71.
- Lacroix, J. P. (1981) Notes sur quelques Coleoptera Lucanidae nouveaux ou peu connus. *Nouvelle Revue d'Entomologie (Nouvelle Série) 11*(1): pp.59-72.
- Lacroix, J. P. (1984) Descriptions de Coleoptera Lucanidae nouveaux ou peu connus. (3eme Note). *Bulletin de la Société Sciences Nat 40*: pp. 5-19.
- Latreille, P. A. (1804) Histoire naturelle, généale et particuliere des crustacés et des insects, *Paris 10*: pp. 241-246.
- Lewis, G. (1883) On the Lucanidae of Japan. *Transactions of the Entomological Society of London 31*: pp. 333-342, plate 14.
- Li, J. K. (1992) *The Coleoptera fauna of northeast China*. Jilin Education Publishing House, Jilin: pp. 1-205.
- MacLeay, W.S. (1819) Horae Entomologicae: Or, Essays on the Annulose Animals. I (1), S, Bagster, London: pp. 1-160.
- Maeda, T. (2012) A new subspecies of *Dorcus magdeleinae* (Lacroix, 1972) from Kon Tum province, central Vietnam. *Gekkan-Mushi 494*: pp. 1-3.
- Maes, J. M. (1992) Lista de Los Lucanidae del Mundo. *Revista Nicaraguense de Entomologia 22*A: pp. 1-60.
- Matsuoka, N. and Takatoji, Y. (2010) Notes on *Prosopocoilus inclinatus* (Motschulsky, 1857) from the Izu Islands. *Gekkan Mushi 474*: pp. 15-22.
- Miwa, Y. (1929) A new stag-beetle belonging to the genus *Dorcus* from *Formosa. Transactions of the Natural History Society of Formosa 19*(103): pp. 350-354.
- Miwa, Y. (1934) A study on the lucanid-Coleoptera from the Japanese Empire 5 *Transactions of the Natural History Society of Formosa 24*(134): pp. 317-332.
- Miwa, Y. (1937) Descriptions of two new species of Lucanidae from Formosa. *Transactions of the Natural History Society of Formosa 27*(166): pp. 164-168.
- Miwa, Y. and Chûjô M. (1936) *Catalogus Coleopterorum Japonicorum*. Fam. Lucanidae. Taiwan, Konchu-Kenkyusho :1-11.
- Mizunuma, T. and Nagai, S. (1994) *The Lucanid beetles of the world*. Mushi-sha, Iconographic series of Insect. H. Fujita Ed., Tokyo: pp. 1-138.

- Motschulsky, V. (1857) Entomologie speciale. Insectes du Japon. *Etudes entomologiques 6*. Helsingfors : pp. 25-41.
- Motschulsky, V. (1860) *Coleopteres de la Siberie orientale et en particulier des rives de l'Amour* (rapportes par Schrenk, Maack, Ditmar, Voznessenski. In: Schrenk L (ed.) Reisen Und Forschungen Im Amurlande in Den Jahren 1854-1856. Bd.,2. K. Akademie der Wissenschaften, St. Petersburg: pp. 77-257.
- Motschulsky, V. (1861) Insectes du Japon (continuation). *Études Entomologiques, 10*: pp. 3-24.
- Murayama, A. and Shimizu, T. (2004) A new species of *Aegus laevicollis* from Nakanoshima Is. Of the Tokara Isls., Southwest Japan. *Gekkan Mushi 402*: pp.33-36.
- Nagai, S. (2000) Twelve new species, three new subspecies, two new status and with the checklist of the family Lucanidae of northern Myanmar. *Notes on Eurasian insects Nr.3 Insects*: pp. 73-108.
- Nagai, S. and Maeda, T. (2010) Two new species and a new subspecies of stag beetles from southwestern China and northen Vietnam. *Gekkan-Mushi 476*: pp. 36-39.
- Nagai, S. and Okazaki, T. (2005) Rediscovery of *Dorcus haitschunus* from China and notes on the congeners with description of a new subspecies. *Gekkan-Mushi 409*: pp. 18-24.
- Nagai, S. and Tsukawaki, T. (1999) Three new subspecies of the genus *Dorcus* from Indonesia. *Gekkan-Mushi 340*: pp. 16-18.
- Nagel, P. (1941) Neues uber Hirschkafer (Col. Lucanidae). *Deutsche Entomologische Zeitschrift 1/2*: pp. 54-75.
- Nagel, P. (1924) A new form of lucanoid Coleoptera. *The Pan-Pacific Entomologist 1*(2): pp. 71-72.
- Nakane, T. (1978) Two new forms of stag beetles from Japan. *Kita-Kyushu no Konchu 24*(3): pp. 77-79.
- Nakane, T. and Makino, S. (1985) On the stag beetles belonging to *Dorcus velutinus* group from Japan and Taiwan. *Gekkan-Mushi 169*: pp. 18-25.
- Nomura, S. (1964) Some new species of the Coleoptera from Loochoo Islands. *The Entomological Review of Japan 17*(2): pp. 47-57.
- Nomura, S. (1960) List of the Japanese Scarabaeoidea (Coleoptera) - Notes on the Japanese Scarabaeoidea II. *Tôhô Gakuhô, 10*: pp. 39-79.
- Nomura, S. (1962) Some new and remarkable species of the Coleoptera from Japan and its adjacent regions. *Toho-Gakuho 12*. Tokyo: pp. 35-51.
- Oberthür, R. and Houlbert, C. (1914) Lucanides de Java (Suite). *Insecta, revue illustree d'Entomologie, Rennes 4*: pp. 14-454.
- Okuda, N. (1997) Descriptions of one new species and one new subspecies of the genus *Platycerus* from Mt. Dabashan in northeastern Sichuan Province, Central China. *Gekkan-Mushi 313*, Mushi-sha, Tokyo : pp. 9-12.
- Parry, F. J. S. (1862) Further descriptions and characters of undescribed Lucanoid Coleoptera. *Proceedings of the Entomological Society of London 3*: pp. 107-113.
- Parry, F. J. S. (1873) Characters of seven nondescript lucanoid Coleoptera, and remarks upon the genera *Lissotes, Nigidius and Figulus*. *The Transactions of the Entomological Society of London, 1873*: pp. 335-345, pl. 5.
- Perty, M. (1831) Observationes nonnullae in coleoptera Indiae orientalis. *Academia Ludovico-macimilianea*. Mich. Lindauer. Monachii : pp. 1-44.
- Planet, L. (1897) Descriptions de Quelques Lucanus nouveaux. *Le Naturaliste 11*: pp. 226-228.
- Planet, L. (1899) Description d'une varieté nouvelle du Metopodontus blanchardi Parry. *Annales de la Société entomologique de France 68*: pp. 385-387.
- Sakaino, H. (1992) A new species of the genus *Prismognathus* from Taiwan. *Gekkan Mushi 258*: pp. 10-12.
- Sakaino, H. (1997) Descriptions of two new subspecies of *Dorcus striatipennis* (Motschulsky) from central China and Taiwan. *Gekkan Mushi 316*: pp. 9-13.
- Saunders, W. W. (1854) Characters of undescribed Lucanidae, collected in China, by R. Fortune, Esq. *The*

Transactions of the Entomological Society of London, (1)3(2): pp. 45-55, pls. 3-4.

- Schenk, K. D. (2000) Beschreibung einer neuen Art der Gattung Hemisodorcus Thomson, 1862, aus Myanmar. *Entomologische Zeitschrift 110*(3): pp. 79-82.
- Schenk, K. D. (2006) Contribution to the knowledge of the Stag beetles and description of several new taxa. *Animma.X 15*: pp. 1-15.
- Shimizu, T. and Murayama, A. (2004) A New subspecies of *Prosopocoilus inclinatus* (Motschulsky, 1857) from Kuroshima Is. Mishima-son, Kagoshima, Japan. *Gekkan-Mushi 396*: pp. 10-15.
- Shimizu, T. and Murayama, A. (1998) Two new subspecies of *Prosopocoilus inclinatus* (Motschulsky) from southern islands of Kyushu. *Gekkan-Mushi 328*: pp. 22-28.
- Shiokawa, T. (2001) A new subspecies of *Dorcus titanus* from Iki Is., Nagasaki, Japan. *Gekkan-Mushi 360*: pp. 6-8.
- Smith, A. B. T. (2006) A review of the Family-group names for the Superfamily Scarabaeoidea(Coleoptera) with corrections to nomenclature and a current classification. *Coleopterists Society Monograph Number 5*: p. 154.
- Smith, A. B. T, Hawks, D. C., and Heraty, J. M. (2006) On overview of the classification and evolution of the major scarab beetle clades (Coleoptera: Scarabaeoidea) based on preliminary molecular analysis. *Coleopterists Society Monograph, 5*: pp. 35-46.
- Thomson, J. (1862) Catalogue des Lucanides de la collection de M.James Thomson, suivi d'un appendix renfermant la description des coupes génériques et spécifiques nouvelles. *Annales de la Société Entomologique de France 2*(4): pp. 389-436.
- Tsuchiya, T. (2003) Revisional studies of *Dorcus rectus* (Motschulsky, 1857) from the islands of southern Kyushu. *Gekkan-Mushi 390*:42-51.
- Tsuchiya, T. (2010) Encyclopedia of Japanese *Prosopocoilus. Be Kuwa 35*. Mushi-sha, Tokyo: pp. 6-31.
- Tsuchiya, T. (2015) Encyclopedia of world *Macrodorcas. Be Kuwa 54*. Mushi-sha, Tokyo: pp. 8-27.
- Tsuchiya, T. (2017) Encyclopedia of Japanese Lucanidae. *Be Kuwa 64*. Mushi-sha, Tokyo: pp. 6-36.
- Tsuchiya, T. (2018) Encyclopedia of world *Dorcus. Be Kuwa 68*. Mushi-sha, Tokyo: pp. 8-37.
- Tsukawaki, T. (1995) A new subspecies of the *Lucanus maculifemoratus* Motschulsky from the Izu Islands. *Gekkan-Mushi 292*: pp. 12-16.
- Tsukawaki, T. (1998) Notes on the genus *Dorcus* MacLeay, 1819 after the publication of "The Lucanid beetles of the world" in 1994. *Gekkan-Mushi 328*: pp. 76-84.
- Vollenhoven, S. C. (1861) Beschrijving van eenige nieuwe soorten van Lucanidae. *Tijdschrift voor Entomologie 4*. Amsterdam: pp. 101-115.
- Vollenhoven, S. C. (1865) Sur quelques Lucanides du Museum Royal d'Histoire Naturelle a Leide. *Tijdschrift voor Entomologie 8*: pp. 137-156.
- Waterhouse, C. O. (1869) On a new genus and some new species of Coleoptera, belonging to the family Lucanidae. *Transactions of the Royal Entomological Society of London*: pp. 13-20.
- Waterhouse, C. O. (1873) On the pectinicorn Coleoptera of Japan, with descriptions of three new species. *The Entomologist's Monthly Magazine, 9*: pp. 277-278.
- Waterhouse, C. O. (1874) Descriptions of five new lucanoid Coleoptera. *The Entomologist's Monthly Magazine, 11*: pp. 6-8.
- Yoshida, K. (1991) A new subspecies of *Macrodorcus rectus* (Motschulsky) from Hachijo-jima of the Izu Islands, Japan. *Gekkan-Mushi 241*: pp. 40-42.
- Zhu, X. J., Jang, T. W., Kim, J. K. and Kubota, K. (2019) Genetic divergence of *Platycerus hongwonpyoi* (Coleoptera: Lucanidae) in South Korea. *Entomological Science 22*: pp. 86-97.

모아보기

*초록색: 한국 분포 종

① 원표보라사슴벌레
Platycerus hongwonpyoi hongwonpyoi

② 애보라사슴벌레
Platycerus acuticollis

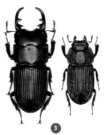

③ 꼬마넓적사슴벌레
Aegus subnitidus subnitidus

④ 대륙꼬마넓적사슴벌레
Aegus laevicollis

⑤ 남방대륙꼬마넓적사슴벌레
Aegus kuantungensis

⑥ 길쭉꼬마사슴벌레
Figulus punctatus punctatus

⑦ 큰꼬마사슴벌레
Figulus binodulus

⑧ 다이토꼬마사슴벌레
Figulus punctatus daitoensis

⑨ 뿔꼬마사슴벌레
Nigidius miwai

⑩ 루이스뿔꼬마사슴벌레
Nigidius lewisi

⑪ 털보왕사슴벌레
Dorcus carinulatus koreanus

⑫ 대만털보왕사슴벌레
Dorcus carinulatus carinulatus

13
일본털보왕사슴벌레
Dorcus japonicus

14
엷은털왕사슴벌레
Dorcus tenuihirsutus

15
털왕사슴벌레
Dorcus velutinus

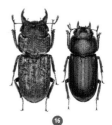

16
대만털왕사슴벌레
Dorcus taiwanicus

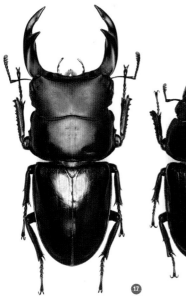

17
왕사슴벌레
Dorcus hopei hopei

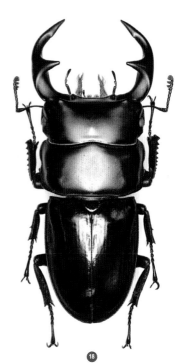

18
쿠르비덴스왕사슴벌레
Dorcus curvidens curvidens

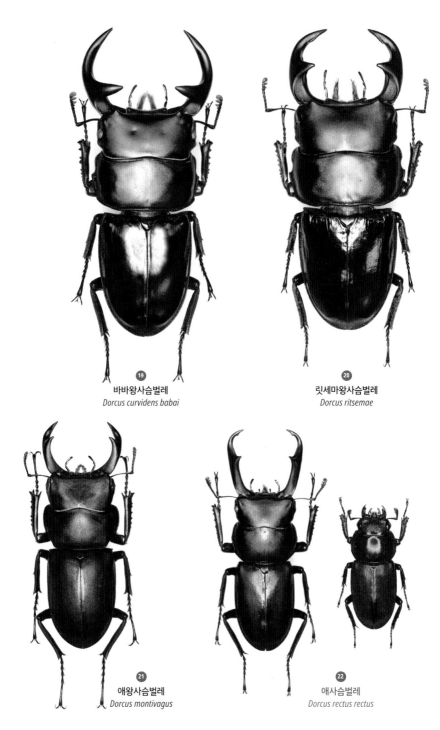

바바왕사슴벌레
Dorcus curvidens babai

릿세마왕사슴벌레
Dorcus ritsemae

애왕사슴벌레
Dorcus montivagus

애사슴벌레
Dorcus rectus rectus

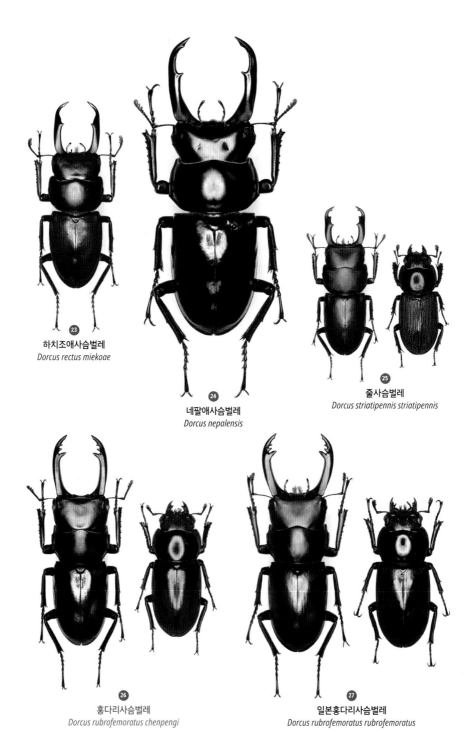

23
하치조애사슴벌레
Dorcus rectus miekoae

24
네팔애사슴벌레
Dorcus nepalensis

25
줄사슴벌레
Dorcus striatipennis striatipennis

26
홍다리사슴벌레
Dorcus rubrofemoratus chenpengi

27
일본홍다리사슴벌레
Dorcus rubrofemoratus rubrofemoratus

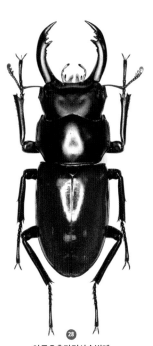

28
아로우홍다리사슴벌레
Dorcus arrowi magdeleinae

29
넓적사슴벌레
Dorcus titanus castanicolor

30
중국넓적사슴벌레
Dorcus titanus platymelus

31
귀주넓적사슴벌레
Dorcus titanus typhoniformis

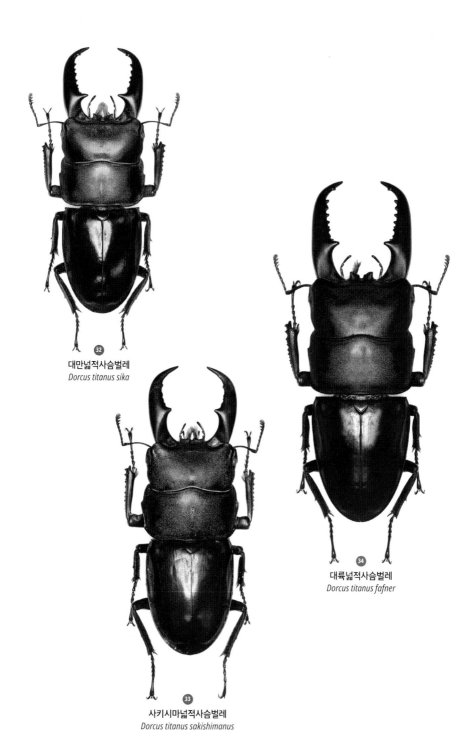

32
대만넓적사슴벌레
Dorcus titanus sika

34
대륙넓적사슴벌레
Dorcus titanus fafner

33
사키시마넓적사슴벌레
Dorcus titanus sakishimanus

35
팔라완넓적사슴벌레
Dorcus titanus palawanicus

36
수마트라넓적사슴벌레
Dorcus titanus yasuokai

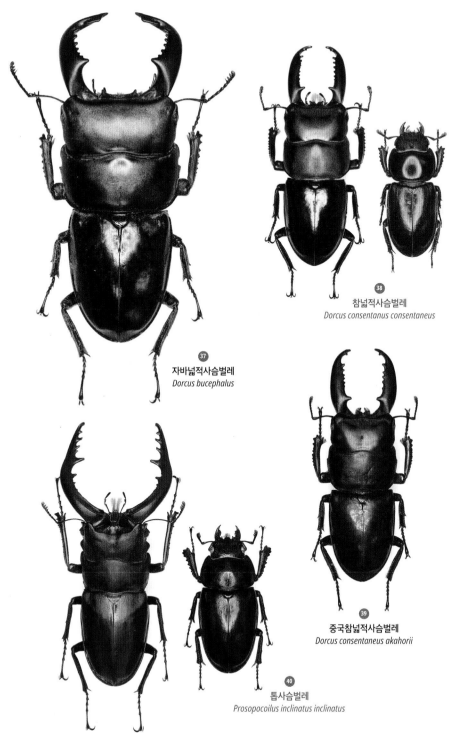

37 자바넓적사슴벌레
Dorcus bucephalus

38 참넓적사슴벌레
Dorcus consentanus consentaneus

39 중국참넓적사슴벌레
Dorcus consentaneus akahorii

40 톱사슴벌레
Prosopocoilus inclinatus inclinatus

41

미야케톱사슴벌레

Prosopocoilus inclinatus miyakejimaensis

43

아마미톱사슴벌레

Prosopocoilus dissimilis dissimilis

42

하치조톱사슴벌레

Prosopocoilus hachijoensis

44

도쿠노시마톱사슴벌레

Prosopocoilus dissimilis makinoi

45

오키나와톱사슴벌레
Prosopocoilus dissimilis okinawanus

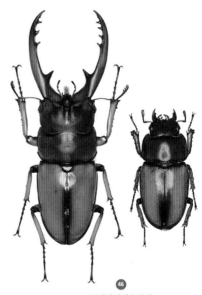

46

두점박이사슴벌레
Prosopocoilus astacoides blanchardi

47

히말라야두점박이사슴벌레
Prosopocoilus astacoides castaneus

48

카친두점박이사슴벌레
Prosopocoilus astacoides kachinensis

49

자바두점박이사슴벌레
Prosopocoilus astacoides pallidipennis

51
중국두점박이사슴벌레
Prosopocoilus astacoides dubernardi

50
대륙두점박이사슴벌레
Prosopocoilus astacoides fraternus

52
말레이두점박이사슴벌레
Prosopocoilus astacoides mizunumai

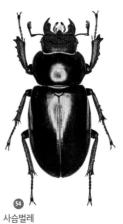

53
월남두점박이사슴벌레
Prosopocoilus astacoides karubei

54
사슴벌레
Lucanus dybowski dybowski

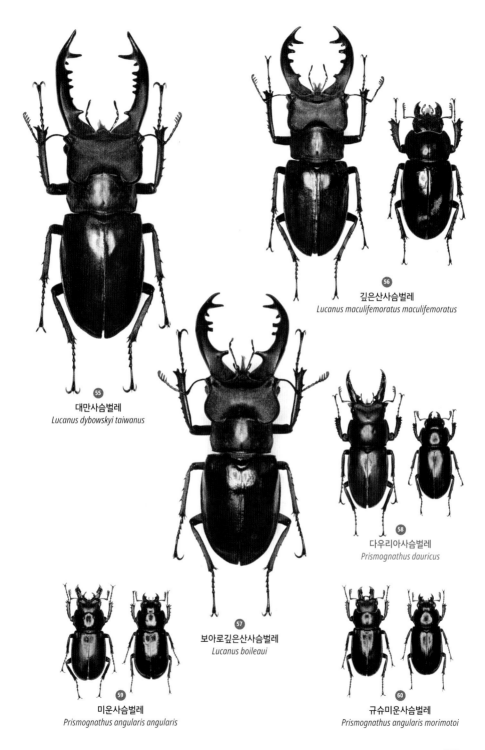

55
대만사슴벌레
Lucanus dybowskyi taiwanus

56
깊은산사슴벌레
Lucanus maculifemoratus maculifemoratus

57
보아로깊은산사슴벌레
Lucanus boileaui

58
다우리아사슴벌레
Prismognathus dauricus

59
미운사슴벌레
Prismognathus angularis angularis

60
규슈미운사슴벌레
Prismognathus angularis morimotoi

찾아보기

* 숫자는 쪽 번호가 아닌 수록 종 일련 번호

* 초록색: 한국 분포 종